U0224679

功夫厨房系列

煲 一碗好汤
保养全家

甘智荣　　主编

重庆出版集团 重庆出版社

图书在版编目（CIP）数据

煲：一碗好汤养全家 / 甘智荣主编.
—重庆：重庆出版社,2016.3
ISBN 978-7-229-10816-8

Ⅰ.①煲… Ⅱ.①甘… Ⅲ.①汤菜－菜谱
Ⅳ.①TS972.122

中国版本图书馆CIP数据核字(2015)第302759号

煲： 一碗好汤养全家
BAO:YIWAN HAOTANG YANG QUANJIA

甘智荣　主编

责任编辑：肖化化
责任校对：刘小燕
装帧设计：深圳市金版文化发展股份有限公司
出版统筹：深圳市金版文化发展股份有限公司

重庆出版集团
重庆出版社　出版

重庆市南岸区南滨路162号1幢　　邮政编码：400061　http://www.cqph.com
深圳市雅佳图印刷有限公司印刷
重庆出版集团图书发行有限公司发行
邮购电话：023-61520646
全国新华书店经销

开本：720mm×1016mm　1/16　印张：15　字数：150千
2016年3月第1版　　2016年3月第1次印刷
ISBN 978-7-229-10816-8

定价：29.80元

如有印装质量问题，请向本集团图书发行有限公司调换：023-61520678

随着生活节奏的加快，人们在工作之余越来越渴望美食的慰藉。如果您是在职场中打拼的上班族，无论是下班后疲惫不堪地走进家门，还是周末偶有闲暇希望犒劳一下辛苦的自己时，该如何烹制出美味可口而又营养健康的美食呢？或者，您是一位有厨艺基础的美食达人，又如何实现厨艺不断精进，烹制出色香味俱全的美食，不断赢得家人朋友的赞誉呢？当然，如果家里有一位精通烹饪的"食神"那就太好了！然而，作为普通百姓，延请"食神"下厨，那不现实。这该如何是好呢？尽管"食神"难请，但"食神"的技能您可以轻松拥有。求人不如求己，哪怕学到一招半式，记住烹饪秘诀，也能轻松烹制一日三餐，并不断提升厨艺，成为自家的"食神"了。

为此，我们决心打造一套涵盖各种烹饪技法的"功夫厨房"菜谱书。本套书的内容由名家指导编写，旨在教会大家用基本的烹饪技法来烹制各大菜系的美食。

这套丛书包括《炒：有滋有味幸福长》《蒸：健康美味营养足》《拌：快手美味轻松享》《炖：静心慢火岁月长》《煲：一碗好汤养全家》《烤：喷香滋味绕齿间》六个分册，依次介绍了烹调技巧、食材选取、营养搭配、菜品做法、饮食常识等在内的各种基本功夫，配以精美的图片，所选的菜品均简单易学，符合家常口味。本套书在烹饪方式的选择上力求实用、广泛、多元，从最省时省力的炒、蒸、拌，到慢火出营养的炖、煲，再到充分体现烹饪乐趣的烤，必能满足各类厨艺爱好者的需求。

该套丛书区别于以往的"功夫"系列菜谱，在于书中所介绍的每道菜品都配有名厨示范的高清视频，并以二维码的形式附在菜品旁，只需打开手机扫一扫，就能立即跟随大厨学做此菜，从食材的刀工处理到菜品最终完成，所有步骤均简单易学，堪称一步到位。只希望用我们的心意为您带来最实惠的便利！

汤膳在我国拥有悠久的历史。古人云："宁可食无肉，不可居无竹。宁可食无馔，不可饭无汤。"当夜色降临，天色渐晚，鸟儿归巢，人们回家，家家户户亮起灯，主妇们拎着刚买回来的菜，洗菜，开火，在厨房里煲上一锅香浓的汤，这是多么能够抚慰人心的温暖。春天一碗健脾祛湿的山药汤，夏天一碗消暑解渴的绿豆汤，秋天一碗滋阴润燥的银耳汤，冬天一碗暖心暖胃的羊肉汤，这永远都是餐桌上永恒不变的吸引力。

说到汤，全国各地在选材、煲制功夫上各有千秋，但是中国最正宗的汤品文化还是广东地区的老火汤。广东人所谓的老火汤，特指熬制时间长、火候足，既取药补之效，又取入口之甘甜味的鲜美汤水。另外，他们对炊具的使用也非常讲究，多采用陶煲、砂锅、瓦锅为煲煮容器，延用着传统的独特烹调方法，既保留了食材的原始真味，汤汁也较为浓郁鲜香，滋补身体的同时，又有助于消化吸收。

本书就是一本教您煲汤的书。首先，第一章中我们先为您介绍一些关于煲汤的基础知识，包括煲汤的原则、煲汤基本流程、煲汤器具的选择和煲汤过程中的注意事项，希望这些内容能够为您煲出一锅好汤打下一个好的基础。

在第二章到第七章中，我们挑选了日常生活中最常见的汤品，按照素菜汤、畜肉汤、禽蛋汤、水产汤、药膳汤、甜汤的分类为您呈现，让您有更多的选择。如果您的家里有孩子，可以经常煲一些健脑益智、增高助长的汤给孩子喝；如果家里有长辈，可以煲一些补钙、易于消化的汤给长辈喝；男性工作压力大，可以喝一些减压、强身健体的汤；女性可常喝一些补血养颜、润泽肌肤的汤。

希望在您和家人的餐桌上，每天都有一碗好汤。

目录
CONTENTS

PART 1 百食汤为先

002 / 饭前喝汤养胃又减肥

003 / 实用"煲具"大公开

004 / 煲汤的原则

006 / 避免踏入煲汤误区

007 / 煲汤的南北差异

008 / 如何煲出美味鲜汤

010 / 营养煲汤"增味"小技法

PART 2 清爽可口素菜汤

014 / 白菜冬瓜汤

015 / 包菜菠菜汤

017 / 萝卜瘦身汤

018 / 胡萝卜西红柿汤

019 / 枸杞红枣芹菜汤

021 / 香菇白菜黄豆汤

022 / 西红柿洋葱汤

023 / 佛手胡萝卜马蹄汤

025 / 翠衣冬瓜葫芦汤

026 / 莲藕海带汤

027 / 莲藕海藻红豆汤

029 / 丝瓜豆腐汤

030 / 慈姑蔬菜汤

031 / 慈姑花菜汤

033 / 南瓜绿豆汤

034 / 苦瓜豆腐汤

035 / 山药冬瓜汤

037 / 香菇丝瓜汤

038 / 节瓜西红柿汤

039 / 土豆疙瘩汤

041 / 金针菇蔬菜汤

042 / 香菇魔芋汤

043 / 菌菇豆腐汤

045 / 姜葱淡豆豉豆腐汤

PART 3 浓香醇美畜肉汤 /////////////////

048 / 山楂黑豆瘦肉汤

049 / 猴头菇山楂瘦肉汤

051 / 丝瓜肉片汤

052 / 蚕豆瘦肉汤

053 / 芥菜瘦肉豆腐汤

055 / 腊肉萝卜汤

056 / 葛根猪骨汤

057 / 雪莲果猪骨汤

059 / 腰豆莲藕猪骨汤

060 / 枸杞黑豆煲猪骨

061 / 芦荟猪骨汤

063 / 西红柿苦瓜排骨汤

064 / 萝卜排骨汤

065 / 胡椒猪肚芸豆汤

067 / 腐竹栗子猪肚汤

068 / 淮山胡椒猪肚汤

069 / 红枣白萝卜猪蹄汤

071 / 川味蹄花汤

072 / 淮山板栗猪蹄汤

073 / 花生眉豆猪蹄汤

075 / 胡萝卜猪蹄汤

076 / 丝瓜虾皮猪肝汤

077 / 红枣猪肝冬菇汤

079 / 芸豆羊肉汤

080 / 南瓜豌豆牛肉汤

081 / 牛肉蔬菜汤

083 / 芸豆平菇牛肉汤

PART 4 软滑营养禽蛋汤 /////////////////

086 / 猴头菇煲鸡汤

087 / 山药麦芽鸡汤

089 / 黑豆莲藕鸡汤

090 / 花生鸡爪节瓜汤

091 / 青橄榄鸡汤

093 / 黑豆乌鸡汤

094 / 仙人掌乌鸡汤

095 / 滑子菇乌鸡汤

097 / 枸杞木耳乌鸡汤

098 / 黑蒜鸡汤

099 / 菠萝苦瓜鸡块汤

101 / 酸萝卜老鸭汤

102 / 黄豆马蹄鸭肉汤

103 / 红豆鸭汤

105 / 鲜蔬腊鸭汤

106 / 菌菇冬笋鹅肉汤

107 / 薄荷水鸭汤

109 / 菌菇鸽子汤

110 / 胡萝卜鹌鹑汤

111 / 干贝冬瓜煲鸭汤

113 / 橄榄栗子鹌鹑

114 / 苋菜豆腐鹌鹑蛋汤

115 / 鹌鹑蛋鸡肝汤

117 / 马齿苋蒜头皮蛋汤

118 / 黄花菜鸡蛋汤

119 / 紫菜萝卜蛋汤

121 / 西红柿紫菜蛋花汤

PART 5 鲜甜味美水产汤 //////////////

124 / 豆腐紫菜鲫鱼汤

125 / 黄花菜鲫鱼汤

127 / 桂圆核桃鱼头汤

128 / 鲫鱼银丝汤

129 / 姜丝鲢鱼豆腐汤

131 / 马蹄带鱼汤

132 / 茶树菇草鱼汤

133 / 木瓜鲤鱼汤

135 / 莲藕葛根赤小豆鲤鱼汤

136 / 马蹄木耳煲带鱼

137 / 陈皮红豆鲤鱼汤

139 / 薏米鳝鱼汤

140 / 西红柿生鱼豆腐汤

141 / 山药甲鱼汤

143 / 红杉鱼西红柿汤

144 / 三文鱼豆腐汤

145 / 明虾蔬菜汤

147 / 黄豆蛤蜊豆腐汤

148 / 白玉菇花蛤汤

149 / 蛤蜊冬瓜丸子汤

151 / 枸杞胡萝卜蚝肉汤

152 / 生蚝豆腐汤

153 / 玉米须生蚝汤

155 / 杏鲍菇黄豆芽蛏子汤

156 / 生蚝口蘑紫菜汤

157 / 淡菜萝卜豆腐汤

159 / 淡菜冬瓜汤

160 / 干贝花蟹白菜汤

161 / 花蟹冬瓜汤

PART 6 养生滋补药膳汤 ///////////////////////////

164 / 黄芪飘香猪骨汤

165 / 夏枯草瘦肉汤

167 / 天麻黄豆猪骨汤

168 / 党参麦冬瘦肉汤

169 / 土茯苓核桃瘦肉汤

171 / 虫草香菇排骨汤

172 / 杜仲黑豆排骨汤

173 / 当归山药排骨汤

174 / 西洋参瘦肉汤

175 / 巴戟天猴头菇瘦肉汤

177 / 党参猪肚汤

179 / 砂仁黄芪猪肚汤

180 / 人参猪蹄汤

181 / 丹参猪肝汤

182 / 柏子仁猪心汤

183 / 无花果牛肉汤

185 / 阿胶牛肉汤

186 / 牛肚枳实砂仁汤

187 / 黄芪鸡汤

188 / 西洋参麦冬鲜鸡汤

189 / 滋补人参鸡汤

191 / 当归玫瑰土鸡汤

193 / 夏枯草鸡肉汤

195 / 茯苓胡萝卜鸡汤

197 / 无花果茶树菇鸭汤

198 / 玉竹虫草花鹌鹑汤

199 / 鹌鹑淮山杜仲汤

200 / 虫草花鸽子汤

201 / 虫草党参鸽子汤

203 / 莲子五味子鲫鱼汤

PART 7 美味简单甜汤 //////////////////////////

206 / 马蹄银耳汤

207 / 竹荪银耳甜汤

208 / 银耳山药甜汤

209 / 雪莲果银耳甜汤

211 / 百合枇杷炖银耳

212 / 双耳枸杞雪梨汤

213 / 百合枸杞红豆甜汤

215 / 百合玉竹苹果汤

217 / 核桃杏仁甜汤

219 / 桂花红薯板栗甜汤

220 / 红薯牛奶甜汤

221 / 冰糖雪梨柿饼汤

222 / 雪梨苹果山楂汤

223 / 雪蛤油木瓜甜汤

224 / 花生莲藕绿豆汤

225 / 木瓜莲藕栗子甜汤

227 / 猕猴桃鲜藕汤

229 / 红枣南瓜薏米甜汤

230 / 红枣芋头汤

百食汤为先

在古今中外，上至王公贵族，下至黎民百姓，无论老少妇孺，都有自己中意的靓汤。本章教给您煲汤的常识，您会发现，其实煲一锅好汤也没那么难。

饭前喝汤养胃又减肥

　　中国人自古就爱喝汤，无论家常便饭，还是友宴、婚宴，乃至国宴，汤都是餐桌上的重中之重。远在三千年前的商汤贤相——伊尹就是著名的汤圣，他提出"凡味之本，水最为始"，就是认为食物和水相烹调，就可烹出味美营养的汤汁，所以他烧得一手好汤，被誉为庖祖。相传彭祖活到八百岁，其中一个重要的原因就是会烧汤，由于有烹鸡汤的绝活而被尧帝称赞，被封于大彭，并得"鸡羹之祖"的美名。

　　中国自古就有不少名汤流传至今，如张仲景的当归生姜羊肉汤、补体的虫草炖鸡汤、产后下奶的木瓜鲫鱼汤、补脾胃的人参猪肚汤……不胜枚举。中国各地也都有美味经典的名汤闻名于世，如浙江宋嫂鱼羹、江西瓦罐汤、河南胡辣汤、东北酸菜排骨汤、四川鱼头豆腐汤……数不胜数。汤不仅美味，而且养人，能强身健体，能延年益寿，所以无论常人、病中、产后者，或是老人、小儿、女人、男人……都可以每天喝汤。"宁可一日无肉，不可一日无汤"，汤被中国人万般垂爱。

　　每次饭前都要先喝汤，这种食疗方法是有科学依据的，从口腔、咽喉、食管到胃，犹如一条通道，是食物的必经之路。吃饭前先喝几口汤，或是进点儿水，就会促使胃等器官分泌消化液，这就给胃的后续"工作"铺平了道路——食物便可顺利通行，干硬食物就不会刺激损伤消化道黏膜了。"饭前喝汤，苗条健康"，因此想要减肥，还要注意饮食的规律与顺序。饭前喝汤能够帮助大家养出一个好胃口，同时还能增加饱腹感，减少食物的摄入。

实用"煲具"大公开

俗话说：欲善其事，先利其器。煲制一锅好汤离不开得心应手的好工具。

砂锅

用质地细腻的砂锅煲汤，特点是热得快、保温、香味浓，且汤不容易挥发、折水量少。砂锅一定要选釉挂得厚厚的，不仅砂锅的外层要挂上釉，里层也要如此，摸起来也要光滑。另外，砂锅的口也要挂釉，否则炖汤时汤汁溢出锅后，就会渗进去。

陶瓷锅

陶瓷锅导热均匀，性能稳定，保温性好，水分蒸发量小，煲汤效果非凡。

炖盅

和其他器皿比较，炖盅就更加隆重一些，所谓三煲四炖，就是这个道理，隔水蒸炖能保住汤品的元气不被挥发，使热力均匀平衡，能使汤品的营养结构不被破坏，不但质地酥烂，原汁原味，而且汤色澄清，鲜味浓郁，别具风味。

瓦罐

用瓦罐煲汤味道鲜美。瓦罐由于其形状及材料的独特，受热时，整个瓦罐都均匀受热，因此，汤汁在瓦罐里能够充分混合，自然味道鲜醇。

不锈钢锅

不锈钢锅受热均匀、导热快，由于熬制时间短，不仅充分保留了食物中的营养成分，而且汤色乳白、滋味醇厚。但不可用不锈钢锅长时间盛汤，因为汤中含有很多电解质，时间长了，不锈钢中的金属元素就会被溶解出来，人吃了会对身体不利。

高压锅

高压锅煲汤时间短，食材容易烂，是在一个密封的环境下，通过高压锅的压力和高温在很短的时间内把原料中的营养物质分解出来，但遗憾的是用高压锅煲汤会破坏材料中的部分维生素。

煲汤的原则

　　一碗好汤能滋补身体，调理全家人的体质，使每个人都活力每一天。但是，首先要了解煲汤的原则，才能煲出健康可口的美味汤品！

食材要新鲜

　　即选用鲜味足、无膻腥味的原料。新鲜并不是历来所讲究的"肉吃鲜杀鱼吃跳"的"时鲜"。这里所讲的鲜，是指鱼、畜禽宰杀后3~5小时，此时鱼或禽肉的各种酶使蛋白质、脂肪等分解为氨基酸、脂肪酸等人体易于吸收的物质，味道也最好。

选料要精湛

　　选料是熬好鲜汤的关键。要熬好汤，必须选鲜味足、异味小、血污少、新鲜的动物原料，如鸡肉、鸭肉、猪瘦肉、猪蹄、猪骨、火腿、鱼类等。这类食品含有丰富的蛋白质、琥珀酸、核苷酸等，它们也是汤鲜味的主要来源。

火候要适当

　　大火：大火是以汤中央"起菊心——像一朵盛开的大菊花"为度，每小时消耗水量约20%。煲老火汤，主要是以大火煲开、小火煲透的方式来烹调。

　　小火：小火是以汤中央呈"菊花心——像一朵半开的菊花心"为准，耗水量约每小时10%。肉类原料经不同的传热方式受热以后，由表面向内部传递，称为原料自身传热。一般肉类原料的传热能力都很差，但由于原料性能不一，传热

情况也不同。在烧煮大块鱼、肉时，应先用大火烧开，小火慢煮，原料才能熟透入味。

　　此外，原料体中还含有多种酶，酶的催化能力很强，它的最佳活动温度为30~65℃，温度过高或过低，其催化作用就会变得非常缓慢或完全丧失。因此，要用小火慢煮，以利于酶在其中进行分化活动，使原料变得软烂。利用小火慢煮肉类原料时，肉类可溶于水的肌溶蛋白、肌肽、肌酸、肌酐和氨基酸等会被溶解出来。这些含氮物浸出得越多，汤的味道越浓，也越鲜美。

另外，小火慢煮还能保持原料的纤维组织不受损，使菜肴形体完整。同时，还能使汤色澄清，醇正鲜美。 如果采取大火猛煮的方法，肉类表面蛋白质会急剧凝固、变性，并不溶于水，含氮物质溶解过少，鲜香味降低，肉中脂肪也会熔化成油，使皮、肉散开，挥发性香味物质及养分也会随着高温而蒸发掉。还会造成汤水耗得快、原料外烂内生、中间补水等问题，从而导致延长烹制时间，降低菜品质量。

至于煲汤所用的时间，有个口诀就是"煲三""炖四"。因为煲与炖是两种不同的烹饪方式。煲是直接将锅放于炉上焖煮，约煮三小时以上；炖是用隔水蒸熟为原则，时间约为四小时以上。煲会使汤汁愈煮愈少，食材也较易于酥软散烂；炖汤则是原汁不动，汤头较清，不浑浊，食材也会保持原状，软而不烂。

配水要合理

水既是鲜香食品的溶剂，又是食品传热的介质。水温的变化，用量的多少，对汤的营养和风味有着直接的影响。用水量一般是熬汤所用主要食材分量的3倍，熬汤不宜用热水，如果一开始就往锅里倒热水或者开水，肉的表面突然受到高温，外层蛋白质就会马上凝固，使里层蛋白质不能充分溶解到汤里。

搭配要适宜

有些食物之间已有固定的搭配模式，营养素有互补作用，即餐桌上的"黄金搭配"。最值得一提的是海带炖肉汤，酸性食品猪肉与碱性食品海带的营养正好能互相配合，这是日本的长寿地区冲绳的"长寿食品"。为了使汤的口味比较纯正，一般不宜用太多品种的动物食品一起熬。除选料外，煲汤的时间与火候都很讲究。一般的汤水，沸水下汤料、武火煮沸后再改用文火煲0.5～1小时即可。

避免踏入煲汤误区

喝汤已经成为一种习惯和文化，每天饭桌上备一道靓汤，既温暖了自己，又滋养了全家。但是煲汤也有误区，只有远离它们，才能让您喝到更舒心的汤。

加水少

一般情况下，煲汤时的加水量应至少为食材分量的3倍。如果中途确实需要加水，应以热水为好，不要加冷水，这样做对汤的风味影响最小。

煲太久

如果是煲肉汤，时间以半小时至一个小时为最佳，这样既能保证口感，也能保证营养。时间过长会增加汤中嘌呤的含量，进而增加痛风的风险，同时食物中的营养也会慢慢流失。如果是炖骨头汤或猪蹄汤，时间可适当延长，但也不要超过3个小时。

乱加"料"

不少人希望通过喝汤进补，在煲汤时会加入一些中药材。但在煲汤前，必须通晓中药的寒、热、温、凉等药性。如西洋参性微凉，当归、党参性温，枸杞性平。另外，还要根据个人体质选择中药材。比如，身体寒气过盛的人，应选当归、党参等性温的中药材，但体质热的人吃后可能会上火。

早加盐

盐是煲汤时最主要的调料之一。有些人认为早点加盐可以让盐完全"融入"食材和汤中，提高汤的口感，这是一种误解。盐放太早会使肉中的蛋白质凝固，不易溶解，也会使汤色发暗，浓度不够，最好在快出锅时再加盐。

汤大沸

煲汤时，开始时应该先用大火将汤煮开，然后转为文火煲煮。因为大火会使肉中的水分流失过快，导致其口感变差。控制火候以汤微微沸腾为好。

调料杂

"多放调料提味儿"也是煲汤中的一大误区。调料太多太杂可能会串味儿，影响了汤原有的鲜味，也会影响肉本来的口感。一般来说，一种肉配合2~4种调料就比较完美。

煲汤的南北差异

由于南北地区气候的差异，南方人和北方人在煲汤方面也有所差异，南方煲汤宜清热利湿，北方煲汤宜温补滋润。

南方煲汤宜清热利湿

史书记载："岭南之地，暑湿所居。"岭南地区地气湿热，长久居住，热毒、湿气侵身在所难免，因而南方人煲汤取其清热解暑、泻火解毒、益气生津之功。

老火汤又称广府汤，即广府人传承数千年的食补养生秘方。慢火煲煮的中华老火靓汤，火候足，时间长，既取药补之效，又取入口之甘甜。它是广府女人用万般温情煲煮的靓汤，是调节人体阴阳平衡的养生汤，更是辅助治疗恢复身体的药膳汤。广府，即为广府民系，广义上包括全广东、香港、澳门及海外所有地区的粤语族群。

广府人喝老火汤的历史由来已久，这与广东地区湿热的气候密切相关，而且广州汤的种类会随季节转换而改变，长年以来，煲汤就成了广州人生活中必不可少的一个内容，与广州凉茶一道当仁不让地成了广州饮食文化的标志。更有"不会吃的吃肉，会吃的喝汤"的说法。先上汤，后上菜，几乎成为广州宴席的既定格局。炎炎夏日，一碗清心下火的老火汤，实在让人惬意不已。

北方煲汤宜温补滋润

我国北方地区主要是温带大陆性气候，局部地区是高原气候。温带大陆性气候主要是离海洋远，海洋上的湿润气流难以到达，终年受大陆气团控制。

北方气候寒凉、干燥少雨，人们多食面粉、肉类，一般体质较壮，脾胃之受纳运化功能和卫外功能较强。根据北方人的体质特征以及北方的气候特点，夏季饮食应甘寒清淡，少食肥腻、辛辣、燥热等助阳上火、积湿生热之品。可选食鸭肉、鱼、猪肉、黄豆、玉米、豌豆或者绿豆、红豆、薏苡仁、西瓜、黄瓜、冬瓜、丝瓜、萝卜、西红柿、紫菜、海带等具有健脾和胃、淡渗利湿之功的食品。

如何煲出美味鲜汤

　　要想煲出美味鲜汤，还需要懂得一定的烹饪方法，无论是在选材还是在煲汤过程中，有许多的美味"秘籍"需要我们去掌握！

煲汤时要善用原汤、老汤

　　煲汤时要善用原汤、老汤，没有原汤就没有原味。例如，炖排骨前将排骨放入开水锅内汆水时所用之水，就是原汤。如嫌其浑浊而倒掉，就会使排骨失去原味，如将这些水煮开，除去浮沫污物，用来炖汤，才能真正炖出原味。

选择优质合适的配料

　　一般来说，根据所处季节的不同，加入时令蔬菜作为配料，比如炖酥肉汤的话，春夏季就加入菜头做配料，秋冬季就加白萝卜。对于那些比较特殊的主料，需要加特别的配料，比如，牛羊肉烧汤吃了就很容易上火，就需要加去火的配料，这时，萝卜就

是比较好的选择了，二者合炖，就没那么容易上火了。

选好调料很重要

　　常用的花椒、生姜、胡椒、葱等调料，都起去腥增香的作用，一般都是少不了的，针对不同的主料，需要加入不同的调料。比如烧羊肉汤，由于羊肉膻味重，调料如果不足的话，做出来的汤就是涩的，这就得多加姜片和花椒了。但调料多了也有一个不好的地方，就是容易产生太多的浮沫，这就需要大家在做汤的后期自己耐心地将浮沫打掉。

　　另外，下调料时，要先放葱、姜、料酒，最后放盐。如果过早放盐，就

会使原料表面的蛋白质凝固，影响鲜味物质的溢出，还会破坏溢出蛋白质分子表面的水化层，使蛋白质沉淀，汤色灰暗。

原料应冷水下锅

制作老火靓汤的原料一般都是整只整块的动物性原料，如果投入沸水中，原料表层细胞骤受高温易凝固，会影响原料内部蛋白质等物质的溢出，成汤的鲜味便会不足。煲老火靓汤讲究"一气呵成"，不应中途加水，因这样会使汤水温度突然下降，肉类蛋白质突然凝固，再不能充分溶解于汤中，也有损于汤的美味。

应注意加水的比例

原料与水按1：1.5的比例组合，煲

出来的汤色泽、香气、味道最佳，对汤的营养成分进行测定，汤中氨态氮（该成分可代表氨(基)酸）的含量也最高。

使汤更营养的秘诀

（1）懂药性。比如煲鸡汤时，为了健胃消食，就加肉蔻、砂仁、香叶、当归；为了补肾壮阳，就加山茱萸、丹皮、泽泻、山药、熟地黄、茯苓；为了滋阴，就加红枣、黄芪、当归、枸杞。

（2）懂肉性。煲汤一般以肉为主。比如乌鸡、黄鸡、鱼、排骨、筒骨、猪蹄、羊肉、牛尾、羊脊等，肉性各不相同，有的发、有的酸、有的热、有的温，入锅前处理方式也不同，入锅后火候也不同，需要多少时间也不同。

（3）懂辅料。常备煲汤辅料有霸王花、梅干菜、海米、花生、枸杞、西洋参、草参、银耳、木耳、红枣、八角、桂皮、小茴香、肉蔻、草果、陈皮、鱿鱼干、紫苏叶等，搭配有讲究，入锅有早晚。

（4）懂配菜。煲汤时不可能只喝汤，还要吃其他菜，但有的会相克，影响汤性发挥。比如喝羊肉汤不宜吃韭菜，喝猪蹄汤不宜吃松花蛋，等等。

（5）懂配水比例。一般情况下，水与汤料比例在2.5：1左右，猛火烧开后撇去浮沫，微火炖至汤余50%～70%即可。

（6）懂入碗。根据不同汤性，有的先汤后肉，有的汤与料同食，有的先料后汤，有的喝汤弃料，符合要求就最大限度发挥作用，反之影响效果。

营养煲汤"增味"小技法

在煲汤的过程，经常会遇到一些"小麻烦"，例如汤太油、汤太咸、骨头汤骨髓流失等，那么，如何才能解决掉这些麻烦，煲出又美味又营养的汤呢？

汤太油怎么补救

有些含脂肪多的原料煮出来的汤特别油腻，遇到这种情况，一种办法是使用滤油壶，把汤中过多的油滤去。如果没有滤油壶，可采用第二种办法。将少量紫菜置于火上烤一下，然后撒入汤内，紫菜可吸去过多油脂。还可用一块布包上冰块，从油面上轻轻掠过，汤面上的油就会被冰块吸收，冰块离油层越近越容易将油吸干净。另外，如果在煲汤时放入几块新鲜橘皮，就可以大量吸收油脂，汤喝起来就没有油腻感，而且味道棒极了。

汤太咸怎么补救

很多人都有过这样的经历，做汤过程中，一不小心盐放多了，汤变得太咸。硬着头皮喝吧，实在难入口，倒掉吧，又可惜，怎么办呢？只要用一个小布袋，里面装进一把面粉或者大米，放在汤中一起煮，咸味很快就会被吸收进去，汤自然就变淡了。也可以把一个洗净去皮的生土豆放入汤内煮5分钟，汤亦可变淡。

骨汤增钙小窍门

熬骨汤时若加进少量食醋，可大大增加骨中钙质在汤水中的溶解度，成为真正的多钙补品。用清水熬骨汤，只能从骨头中"熬出"几十毫克的钙离子，而加入食醋，食醋可与骨中的钙起化学反应，生成较易溶解的醋酸钙，其溶解度是未加食醋时骨钙的一万六千多倍。

另外，因为骨头中的类黏朊物质最为丰富，如牛骨、猪骨等，可把骨头砸碎，按1∶5的比例加水小火慢煮。切忌用大火猛烧，也不要中途加冷水，因为那样会使骨髓中的类黏朊不易溶解于水中，从而影响食效。

煲腔骨防止骨髓流失的窍门

煲腔骨汤时，如果煲的时间稍长，其中的骨髓就会流出，导致营养流失，而煲的时间过短，腔骨中的营养素又不能充分溶解到汤中。为防止骨髓流出来，可用生白萝卜块堵住腔骨的两头，这样骨髓就流不出来了。

煲鱼汤三法

①先将鲜鱼去鳞、除内脏，清洗干净，放到开水中烫三四分钟捞出来，然后放进烧开的汤里，再加适量葱、姜、盐，改用小火慢煮，待出鲜味时，离火，滴上少许香油即可。②将洗净的鲜鱼放入油锅中煎至两面微黄，然后冲入开水，并加葱、姜，先用旺火烧开，再放小火煮熟即可。③将清洗净的鲜鱼控去水分备用。锅中放油，用葱段、姜片炝锅并煸炒一下，待葱变黄、出香味时，冲入开水，旺火煮沸后，放进鱼，旺火烧开，再改小火煮熟即可。

巧用药材煲汤

具有食疗功效的汤，亦即药膳的配伍，是以中医和中药的理论为指导，既要考虑到药物的性味、功效，也要考虑到食物的性味和功效，二者必须相一致、相协调，不可性味、功效相反，不然非但起不到保健身体、治疗疾病的食养、食疗作用，反而可能引致不同程度的副作用。如辛热的附子不宜配甘凉的鸭子，宜与甘温的食物配伍，附片羊肉汤即是；清热泻火的生石膏不宜与温热的狗肉配伍，宜与甘凉的食物配伍，豆腐石膏汤即是。食物中属平性者居多，平性之品，配热则热，配凉则凉，随药物之性而转变，这就大大方便了药食配伍的选择。

要将汤面的浮沫打净

打净浮沫是提高汤汁质量的关键。如煲猪蹄汤、排骨汤时，汤面常有很多浮沫出现，这些浮沫主要来自原料中的血红蛋白。水温达到80℃时，动物性原料内部的血红蛋白才不断向外溢出，此刻汤的温度可能已达90~100℃，这时打浮沫最为适宜。可以先将汤上的浮沫舀去，再加入少许白酒，不但可分解泡沫，又能改善汤的色、香、味。

PART

清爽可口素菜汤 2

素菜可以为人体提供身体必需的多种维生素、膳食纤维和矿物质，这是其他食物所无法替代的。平时多喝素菜汤，可以起到排毒通便的作用，对身体有很大的益处。

白菜冬瓜汤

烹饪时间：7分钟　　口味：清淡

原料准备

大白菜………180克

冬瓜…………200克

枸杞……………8克

姜片…………少许

葱花…………少许

调料

盐、鸡粉…各2克

食用油………适量

制作方法

1 将洗净去皮的冬瓜切成片；洗好的大白菜切成小块。

2 用油起锅，放入姜片、冬瓜片、大白菜，炒匀。

3 加入清水煮开，倒入枸杞，煮5分钟至食材熟透。

4 揭盖，加入盐、鸡粉，用锅勺搅匀调味；盛出，装入碗中，撒上葱花即成。

煲·功·秘·诀

　　大白菜的菜叶容易熟，可先放入菜梗煮片刻，再放入菜叶，这样菜叶才不至于煮老。

包菜菠菜汤

烹饪时间：3分钟　口味：清淡

原料准备

包菜·········120克

菠菜···········70克

水发粉丝···200克

高汤·······300毫升

姜丝···········少许

葱丝···········少许

调料

盐···············少许

芝麻油·······少许

制作方法

1 菠菜切成长段；包菜切去根部，再切成细丝。

2 锅中注水烧开，倒入高汤，放入姜丝、葱丝，煮沸。

3 倒入备好的菠菜、包菜、粉丝，拌匀，转中火略煮一会儿至食材熟透。

4 放少许盐，淋入芝麻油，搅拌匀，关火后盛出煮好的汤料即可。

煲·功·秘·诀

将包菜和菠菜最好尽量切得大小均匀一点，这样既美观，也更易熟透。

萝卜瘦身汤

烹饪时间：22分钟　口味：清淡

原料准备

白萝卜····350克

山楂········30克

麦芽········少许

枸杞········少许

槐花········少许

调料

盐·············2克

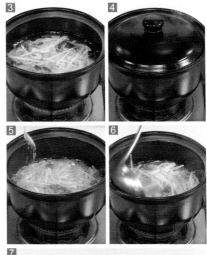

制作方法

1 洗净的山楂去除头尾，去核，再切小块。

2 洗好去皮的白萝卜切薄片，改切细丝。

3 砂锅中注入适量清水烧开，倒入备好的枸杞、麦芽、山楂、槐花、白萝卜，拌匀。

4 盖上盖，煮约20分钟至食材熟透。

5 揭开盖，加入少许盐。

6 搅拌均匀，略煮片刻至食材入味。

7 盛出煮好的汤料，装入碗中即可。

煲·功·秘·诀

白萝卜丝不宜切得太细，以免煮烂；山楂尽量切成均匀的小块，这样容易煮出味道。

胡萝卜西红柿汤

烹饪时间：5分钟　　口味：鲜

原料准备 ✎

胡萝卜……30克

西红柿……120克

鸡蛋…………1个

姜丝………少许

葱花………少许

调料

盐…………少许

鸡粉…………2克

食用油……适量

制作方法 🍽

1 胡萝卜切成薄片；西红柿切片；鸡蛋打入碗中，拌匀。

2 锅中加入食用油烧热，倒入姜丝、胡萝卜片、西红柿片
　炒匀，注入少许清水，煮开，煮3分钟。

3 揭开锅盖，加入适量盐、鸡粉，搅拌均匀至食材入味。

4 倒入蛋液，拌至成形，盛出装碗中，撒上葱花即可。

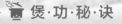

煲·功·秘·诀

　　倒入蛋液时，要边倒边搅拌，这样打出的蛋花更
美观。

煲·功·秘·诀

将洗净的红枣、枸杞泡一会儿后再煮，可以缩短烹饪的时间。

原料准备

芹菜········100克

红枣··········20克

枸杞··········10克

调料

盐··············2克

食用油·······适量

制作方法

1 将洗净的芹菜切成粒，装入盘中，待用。

2 锅中注水烧开，放入洗净的红枣、枸杞，盖上盖，煮沸后用小火煮约15分钟，至食材析出营养物质。

3 取下盖，加入少许盐、食用油，略微搅拌。

4 再放入芹菜粒，搅拌匀，用大火煮一会儿，至食材熟透、入味即成。

烹饪时间：16分钟　口味：清淡

枸杞红枣芹菜汤

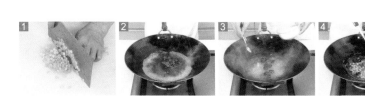

香菇白菜黄豆汤

烹饪时间：21分钟　　口味：清淡

原料准备

水发香菇…60克

白菜………50克

水发黄豆…70克

白果………40克

调料

盐、鸡粉…各2克

胡椒粉………适量

制作方法

1 洗好的白菜切成段，备用。

2 锅中注入适量清水烧开，倒入备好的白果、黄豆。

3 再放入洗好的香菇，搅拌均匀。

4 盖上锅盖，烧开后用小火煮约20分钟至食材熟软。

5 揭开锅盖，倒入白菜，搅匀，煮至断生。

6 加入适量盐、鸡粉、胡椒粉，搅匀调味。

7 盛出煮好的汤料，装入碗中即可。

煲·功·秘·诀

香菇的菌盖里杂质较多，可用水多冲洗一会儿；白菜不宜切得太小，以免煮烂。

 煲·功·秘·诀

洋葱洗好后在温水里泡一会儿，再放入冰箱里冰一下再切，就不会刺激眼睛了。

西红柿洋葱汤

烹饪时间：5分钟　口味：清淡

原料准备

西红柿……150克
洋葱………100克

调料

盐……………2克
番茄酱……15克
鸡粉………适量
食用油……适量

制作方法

1 去皮洗净的洋葱切成丝；洗好的西红柿切成小块，备用。

2 锅中倒入适量食用油烧热，放入洋葱丝，快速翻炒匀；倒入切好的西红柿，翻炒片刻。

3 注入适量清水，盖上锅盖，烧开后煮2分钟至食材熟透。

4 揭开锅盖，加入适量鸡粉、盐、番茄酱，搅匀调味即可。

佛手胡萝卜马蹄汤

烹饪时间：22分钟　口味：鲜

原料准备

胡萝卜······50克

马蹄肉····100克

佛手········10克

葱段·········少许

调料

盐··············2克

胡椒粉········4克

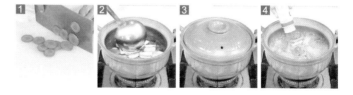

制作方法

1 洗好去皮的胡萝卜切圆片；洗净的佛手切成段。

2 砂锅中注入适量清水，倒入洗好的马蹄肉，放入切好的胡萝卜、佛手，拌匀。

3 盖上盖，煮开后用小火煮20分钟至食材七八成熟。

4 揭盖，倒入葱段，加入盐、胡椒粉，拌匀，关火后盛出煮好的汤料，装入碗中即可。

 煲·功·秘·诀

马蹄不宜煮太久，以免营养流失。

翠衣冬瓜葫芦汤

烹饪时间：3分钟　　口味：鲜

原料准备 ✍

西瓜片……80克

葫芦瓜……90克

冬瓜……100克

红枣……5克

姜片……少许

调料

盐、鸡粉…各2克

料酒……4毫升

食用油……适量

制作方法 🍲

1 洗净的葫芦瓜切成片；处理好的西瓜片切成小块。

2 洗净去皮的冬瓜切块，切成片。

3 用油起锅，放入姜片，爆香，淋入料酒，注入适量清水烧开。

4 倒入西瓜块、红枣，加入葫芦瓜、冬瓜，搅拌均匀。

5 盖上锅盖，煮约2分钟至食材熟软。

6 揭开锅盖，放入盐、鸡粉，持续搅拌片刻，使其入味即可。

7 盛出煮好的汤料，装入碗中即可。

> 🍲 煲·功·秘·诀
>
> 　　将西瓜片、葫芦瓜、冬瓜尽量切得大小一致，这样能更好地入味。

莲藕海带汤

烹饪时间：27分钟　　口味：清淡

原料准备 🌿

莲藕…………160克

水发海带丝…90克

姜片…………少许

葱段…………少许

调料

盐、鸡粉……各2克

胡椒粉………适量

制作方法 🍲

1 将去皮洗净的莲藕切厚片，备用。

2 砂锅中注入适量清水烧热，倒入海带丝、藕片，撒上备好的姜片、葱段，搅散。

3 盖上盖，烧开后用小火煮约25分钟，至食材熟透。

4 揭盖，加入盐、鸡粉、胡椒粉，拌匀调味即成。

煲·功·秘·诀

胡椒粉不宜加太多，以免影响汤汁的味道。

煲·功·秘·诀

干海藻烹制之前需用水泡发，以去除其盐分。

原料准备 ✐

莲藕·········· 150克

海藻············ 80克

水发红豆··· 100克

红枣············ 20克

调料

盐、鸡粉···· 各2克

胡椒粉········· 少许

制作方法 🍚

1 洗净去皮的莲藕切块，改切成丁，备用。

2 砂锅中注入适量清水烧开，放入红枣、红豆、莲藕、海藻，搅拌匀。

3 盖上盖，烧开后用小火煮40分钟，至食材熟透。

4 揭开盖，放入少许盐、鸡粉、胡椒粉，用勺拌匀调味即可。

烹饪时间：41分钟　口味：清淡

莲藕海藻红豆汤

丝瓜豆腐汤

烹饪时间：8分钟　　口味：清淡

原料准备 🌿

豆腐·········250克	
去皮丝瓜····80克	
姜丝··········少许	
葱花··········少许	

调料

盐、鸡粉···各1克	
陈醋··········5毫升	
芝麻油········少许	
生抽··········少许	

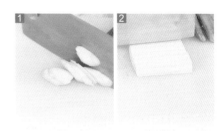

制作方法 🍳

1 洗净的丝瓜切厚片。

2 洗好的豆腐切厚片，切粗条，改切成块。

3 沸水锅中倒入备好的姜丝、豆腐块。

4 倒入切好的丝瓜，稍煮片刻至沸腾。

5 加入盐、鸡粉、生抽、陈醋，将材料拌匀，煮约6分钟至熟透。

6 关火后盛出煮好的汤。

7 装入碗中，撒上葱花，淋入芝麻油即可。

煲·功·秘·诀

豆腐用淡盐水浸泡10分钟后再煮制，既可除去豆腥味又能使豆腐不易碎。

慈姑蔬菜汤

烹饪时间：5分钟　　口味：清淡

原料准备 ✎

慈姑………150克

南瓜………180克

西红柿……100克

大白菜……200克

葱花………少许

调料

盐、鸡粉…各2克

鸡汁…………适量

食用油………适量

制作方法 ☗

1 洗好的西红柿切成小块；洗净的大白菜切成小块。

2 洗净去皮的南瓜切片；洗好的慈姑切去蒂，再切片。

3 锅中注水烧开，加少许食用油、盐、鸡粉，倒入慈姑、南瓜、白菜、西红柿，拌匀，煮4分钟，至食材熟透。

4 揭开盖，倒入鸡汁，搅拌片刻，盛出，撒上葱花即可。

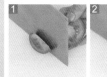

🍲 煲·功·秘·诀

白菜梗不易熟，可以先将其煮一会儿，再加入菜叶。

慈姑花菜汤

烹饪时间：5分30秒　口味：鲜

原料准备

慈姑………120克
鲜香菇………50克
花菜………200克
彩椒………50克
葱花…………少许

调料

盐、鸡粉…各2克
食用油………适量

制作方法

1 洗净的慈姑去蒂，切片；洗好的花菜切成小块。

2 洗净的香菇切片；洗好的彩椒切开，去籽，切小块。

3 锅中注水烧开，加少许食用油、盐、鸡粉拌匀，倒入切好的食材，拌匀，盖上盖，煮5分钟，至食材熟透。

4 揭开盖，搅拌片刻，关火后盛出煮好的汤料，装入汤碗中，撒上葱花即可。

煲·功·秘·诀

香菇菌盖里杂质较多，可用水多冲洗一会儿；花菜不易煮熟，可以适当多煮一些时间。

南瓜绿豆汤

烹饪时间：52分钟　　口味：清淡

原料准备 ✎

水发绿豆…150克
南瓜………180克

调料

盐、鸡粉…各2克

制作方法 🍲

1 将洗净去皮的南瓜切厚片，再切成小块，放在盘中，待用。

2 砂锅中注水烧开，放入洗净的绿豆，盖上盖，煮沸后用小火煮约30分钟，至绿豆熟软。

3 揭开盖，倒入切好的南瓜，搅拌匀。

4 再盖上盖，用小火续煮约20分钟，至全部食材熟透。

5 取下盖子，搅拌一会儿，使食材浮起，再加入盐、鸡粉，搅匀调味，略煮至食材入味。

6 关火后盛出煮好的汤。

7 装在汤碗中即成。

🍲 煲·功·秘·诀

　　一定要等砂锅中的水烧开后，再放入绿豆，这样才能避免其粘在锅底。

原料准备

苦瓜········150克
豆腐········200克
枸杞··········少许

调料

盐···········3克
鸡粉···········2克
食用油······适量

苦瓜豆腐汤

烹饪时间：7分钟　口味：清淡

制作方法

1 将洗净的苦瓜对半切开，去籽，切成片；洗好的豆腐切成小方块。

2 锅中注水烧开，加少许盐，放入切好的豆腐，煮约1分钟，捞出，备用。

3 用油起锅，倒入苦瓜，翻炒匀，注入适量清水，盖上盖，烧开后用中火煮约3分钟。

4 揭盖，倒入豆腐块，加入适量盐、鸡粉，搅匀调味，放入洗净的枸杞，续煮约2分钟，至食材熟透即可。

山药冬瓜汤

烹饪时间：16分钟　口味：清淡

原料准备

山药………100克

冬瓜………200克

姜片………少许

葱段………少许

调料

盐、鸡粉各…2克

食用油………适量

制作方法

1 将洗净去皮的山药切成片；洗好去皮的冬瓜切成片。

2 用油起锅，放入姜片，爆香，倒入切好的冬瓜，拌炒匀。

3 注入适量清水，放入山药，盖上盖，烧开后用小火煮15分钟至食材熟透。

4 揭盖，放入适量盐、鸡粉，拌匀调味，盛出，装入碗中，放入葱段即可。

煲·功·秘·诀

冬瓜宜切成薄片，这样汤汁会更易入味，口感也会更佳；切山药时最好戴上一次性手套，以免黏液使皮肤发痒。

香菇丝瓜汤

烹饪时间：1分30秒　　口味：清淡

原料准备 🌿

鲜香菇⋯⋯30克

丝瓜⋯⋯⋯120克

高汤⋯⋯200毫升

姜末⋯⋯⋯少许

葱花⋯⋯⋯少许

调料

盐⋯⋯⋯⋯⋯2克

食用油⋯⋯⋯少许

制作方法 🍲

1 洗好的香菇切粗丝。

2 去皮洗净的丝瓜对半切开，再切成条形，改切成小块。

3 用油起锅，下入姜末，用大火爆香，放入香菇丝，翻炒几下至其变软。

4 放入切好的丝瓜，翻炒匀，待丝瓜析出汁水后注入备好的高汤，搅拌匀。

5 盖上锅盖，用大火煮片刻至汤汁沸腾。

6 取下盖子，加入盐，续煮片刻至入味，盛出煮好的丝瓜汤，放在汤碗中，撒上葱花即成。

煲·功·秘·诀

高汤的鲜味很浓，所以调味时不可再放入鸡粉，以免将香菇的鲜味盖住了。

节瓜西红柿汤

烹饪时间：5分30秒　　口味：清淡

原料准备 🌿

节瓜·······200克

西红柿····140克

葱花·········少许

调料

盐·············2克

鸡粉··········少许

芝麻油······适量

制作方法 🍲

1 将洗好的节瓜切开，去除瓜瓤，再改切段。

2 洗净的西红柿切开，再切小瓣。

3 锅中注水烧开，倒入节瓜、西红柿，煮至食材熟软。

4 加入盐、鸡粉、芝麻油，拌匀，盛出煮好的西红柿汤，装在碗中，撒上葱花即可。

煲·功·秘·诀

节瓜肉质柔滑，煮的时间不宜太长，以免口感偏软。

煲·功·秘·诀

　　把剂子做得圆滑些，成品会更好看，能引发幼儿的兴趣，提高食欲。

原料准备 ✍

土豆·········40克

南瓜·········45克

水发粉丝···55克

面粉·········80克

蛋黄·········少许

葱花·········少许

调料

盐··············2克

食用油·······适量

制作方法 🍚

1　将去皮洗净的土豆、南瓜切成细丝；洗好的粉丝切成小段，装入碗中，倒入蛋黄、盐、面粉，制成面团，待用。

2　煎锅中注入少许食用油烧热，放入土豆、南瓜，翻炒几下，至食材断生，盛出待用。

3　汤锅中注水烧开，把面团用小汤勺分成数个剂子，下入锅中，轻轻搅动，煮至剂子浮起。

4　再放入炒制好的蔬菜，调入少许盐，用中火续煮片刻至入味；盛出煮好的疙瘩汤，放在小碗中，撒上葱花即成。

土豆疙瘩汤

烹饪时间：5分钟　口味：鲜

金针菇蔬菜汤

烹饪时间：14分钟　　口味：清淡

原料准备 🌿

金针菇⋯⋯30克
香菇⋯⋯⋯10克
上海青⋯⋯20克
胡萝卜⋯⋯50克
鸡汤⋯300毫升

调料

盐⋯⋯⋯⋯⋯2克
鸡粉⋯⋯⋯⋯3克
胡椒粉⋯⋯适量

制作方法 🍲

1 洗净的上海青切成小瓣；洗好去皮的胡萝卜切片。

2 洗净的金针菇切去根部，备用。

3 砂锅中注入适量清水，倒入鸡汤，盖上盖，用大火煮至沸。

4 揭盖，倒入金针菇、香菇、胡萝卜，拌匀。

5 盖上盖，续煮10分钟至熟。

6 揭盖，倒入上海青，加入盐、鸡粉、胡椒粉，拌匀即可。

🍲 **煲·功·秘·诀**

泡发香菇时，不可选用开水浸泡或是加糖，因为这样会降低营养价值；上海青不宜煮太久，以免煮老了影响口感。

香菇魔芋汤

烹饪时间：4分钟　　口味：鲜

原料准备 ✎

鲜香菇………30克

魔芋…………180克

葱花…………少许

调料

盐、鸡粉…各2克

水淀粉……3毫升

食用油………适量

制作方法 🏔

1 将洗好的香菇切成片；洗净去皮的魔芋切成小块。

2 锅中注水烧开，倒入魔芋，煮1分钟，捞出，沥干。

3 油锅烧热，倒入香菇炒熟，注入适量清水烧开，倒入魔芋，放盐、鸡粉，拌匀，煮2分钟，至魔芋入味。

4 倒入水淀粉，拌匀，盛出煮好的汤，放葱花即成。

煲·功·秘·诀

　　长得特别大的香菇不要食用，因为它们多是用激素催肥的，大量食用可对机体造成不良影响。

菌菇豆腐汤

烹饪时间：3分钟　口味：鲜

原料准备

白玉菇…………75克

水发黑木耳……55克

鲜香菇…………20克

豆腐……………250克

鸡蛋………………1个

葱花……………少许

调料

盐、胡椒粉…各3克

鸡粉……………2克

食用油…………少许

芝麻油…………少许

制作方法

1 白玉菇切去根部，切小段；香菇切小块；豆腐切小方块；黑木耳切小块；鸡蛋打碗中，拌匀，制成蛋液。

2 锅中注水烧开，倒入豆腐块、黑木耳煮至断生，捞出。

3 锅中注水烧开，加入盐、鸡粉、食用油、豆腐块、黑木耳、香菇、白玉菇，拌匀，煮约1分30秒。

4 加胡椒粉、蛋液、芝麻油，拌匀，盛出，放葱花即可。

煲·功·秘·诀

泡发好的黑木耳可再用流水冲洗一遍，能更好地去除杂质；煮此汤时不宜过多搅拌，以免使豆腐破碎。

姜葱淡豆豉豆腐汤

烹饪时间：3分钟　　口味：鲜

原料准备 ✎

豆腐┈┈┈300克
西洋参┈┈┈8克
黄芪┈┈┈10克
淡豆豉、姜片、
葱段┈┈┈各少许

调料

盐、鸡粉┈各2克
食用油┈┈┈适量

制作方法 🍲

1　豆腐切成长方块。

2　热锅注油烧热，放入豆腐块，煎至其两面
　　微黄，捞出，沥干油分，装入盘中待用。

3　锅底留油烧热，倒入姜片、葱段、豆豉，
　　爆香。

4　注入适量清水，倒入豆腐、黄芪、西洋参。

5　盖上锅盖，焖2分钟析出药性。

6　揭开锅盖，加入少许盐、鸡粉，持续搅拌
　　片刻，使食材入味。

7　盛出，装入碗中即可。

煲·功·秘·诀

煎豆腐时，注意翻面的力度不宜过大，以免豆腐碎掉；
西洋参、黄芪尽量切小一点，这样更加容易煮至入味。

浓香醇美畜肉汤

煲汤，尤其是煲肉汤时，汤要喝，汤里的肉也要一起吃才更有营养。本章将为大家打开"肉肉"鲜汤大门，让您的胃迎接美味，您做好准备了吗？

山楂黑豆瘦肉汤

烹饪时间：33分钟　　口味：鲜

原料准备 🌿

山楂…………80克

水发黑豆…120克

猪瘦肉……150克

葱花…………少许

调料

料酒………10毫升

鸡粉、盐…各2克

制作方法 🍲

1 洗净的山楂切开，去核，切成小块。

2 洗好的猪瘦肉切条，改切成丁，备用。

3 砂锅中加入清水，倒入黑豆、瘦肉丁、山楂、料酒，拌匀，煮30分钟，至食材熟透。

4 放入鸡粉、盐，拌匀，盛出煮好的汤料，放葱花即可。

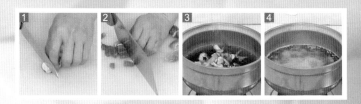

🍲 煲·功·秘·诀

黑豆用水浸泡一晚再煮，会更容易煮熟。

猴头菇山楂瘦肉汤

烹饪时间：33分钟　口味：鲜

原料准备

水发猴头菇…80克

山楂…………80克

猪瘦肉………150克

葱花…………少许

调料

料酒…………8毫升

盐、鸡粉……各2克

制作方法

1 洗好的猴头菇切成小块；洗净的猪瘦肉切成丁；洗好的山楂切开，去核，切成小块，备用。

2 砂锅中加入清水，倒入瘦肉丁、猴头菇、山楂、料酒。

3 盖上盖，烧开后小火煮30分钟至熟。

4 揭开盖，加入盐、鸡粉，用勺拌匀调味；盛出煮好的汤料，装入汤碗中，撒上葱花即可。

煲·功·秘·诀

猴头菇要提前用水泡发，剪去老根，撕成小朵，一定要在猴头菇全部发开后再烹制，这样其口感更佳。

丝瓜肉片汤

烹饪时间：8分钟　　口味：清淡

原料准备

丝瓜········130克
胡萝卜······80克
瘦肉········120克
姜片··········少许

调料

盐··············3克
鸡粉············2克
料酒········4毫升
白胡椒粉···少许
食用油······适量

制作方法

1 将洗净去皮的丝瓜切滚刀块。

2 洗好去皮的胡萝卜斜刀切段，再切菱形片。

3 洗净的瘦肉切薄片，装入碗中，加入少许盐、鸡粉，淋入料酒，腌渍一会儿，待用。

4 汤锅放置火上，注入少许食用油，撒上姜片，爆香；倒入胡萝卜片，炒匀，放入肉片，炒匀，至其转色。

5 倒入丝瓜，炒至其变软，注入适量清水，盖上盖，大火煮约5分钟，至食材熟透。

6 揭盖，加入少许盐、鸡粉，撒上白胡椒粉，搅匀，续煮一会儿，至汤汁入味。

7 盛出煮好的汤料，装入碗中即可。

煲·功·秘·诀

不喜欢胡萝卜味道的人可事先将胡萝卜焯水；起锅前可滴上少许芝麻油，能使汤汁的香味更浓。

蚕豆瘦肉汤

烹饪时间：42分钟　　口味：鲜

原料准备 ✍

水发蚕豆…220克
猪瘦肉…… 120克
姜片………少许
葱花………少许

调料

盐、鸡粉…各2克
料酒………6毫升

制作方法 🍲

1 将洗净的瘦肉切条形，再切丁。

2 锅中注水烧开，倒入瘦肉丁、料酒，煮约1分钟，捞出。

3 砂锅中加入清水，倒入瘦肉丁、姜片、蚕豆、料酒，拌匀，煮约40分钟，至食材熟透。

4 加入盐、鸡粉，拌匀，盛出煮好的汤料，放葱花即成。

> 🍲 煲·功·秘·诀
>
> 瘦肉丁可适当切得大一些,这样口感会更佳。

煲·功·秘·诀

煮芥菜的时候可以放点姜，以中和其寒性。

原料准备 ✎

豆腐··········350克

芥菜···········70克

猪瘦肉········80克

调料

盐、鸡粉···各3克

胡椒粉、芝麻油、

食用油、

水淀粉·····各适量

制作方法 🍳

1　洗净的芥菜切小段；洗好的豆腐切成小块。

2　洗净的猪瘦肉切薄片，装入碗中，加入少许盐、鸡粉、水淀粉、食用油，腌渍入味。

3　用油起锅，倒入芥菜段，炒至断生，注入适量清水，盖上盖，用大火煮至沸。

4　揭盖，倒入豆腐块，轻轻拌匀，放入肉片，煮至断生；加入少许鸡粉、盐、胡椒粉、芝麻油，拌煮至入味即可。

芥菜瘦肉豆腐汤

烹饪时间：6分钟　口味：鲜

腊肉萝卜汤

烹饪时间：92分钟　　口味：鲜

原料准备 🌾

去皮白萝卜…200克	
胡萝卜块………30克	
腊肉…………300克	
姜片…………少许	

调料

盐………………2克	
鸡粉……………3克	
胡椒粉…………适量	

制作方法 🍚

1 洗净的白萝卜切厚块；腊肉切块。

2 锅中注入适量清水烧开，倒入腊肉，汆煮片刻。

3 关火后将汆煮好的腊肉捞出，沥干水分，装入盘中备用。

4 砂锅中注入适量清水，倒入腊肉、白萝卜、姜片、胡萝卜块，拌匀。

5 加盖，大火煮开后转小火煮90分钟至食材熟透。

6 揭盖，加入盐、鸡粉、胡椒粉，搅拌均匀至入味即可。

🍲 煲·功·秘·诀

　　白萝卜、胡萝卜要切得均匀一点，这样口感会更好；煮汤的过程中可以搅拌几次，使汤充分入味。

煲·功·秘·诀

排骨余好后用凉开水清洗一下，可以使其肉质更有韧劲。

葛根猪骨汤

烹饪时间：32分钟　口味：鲜

原料准备 🍃

排骨段····400克
玉米块····170克
葛根········150克

调料

盐············少许

制作方法 🍚

1 将洗净去皮的葛根切小块，备用。

2 锅中注水烧开，倒入洗净的排骨段，用大火煮约半分钟，余去血渍，捞出，沥干水分待用。

3 砂锅中注水烧开，倒入排骨段、玉米块、葛根块，盖上盖，煮沸后转小火煮约30分钟，至食材熟透。

4 揭盖，加入少许盐，搅拌匀，续煮片刻，至汤汁入味即成。

雪莲果猪骨汤

烹饪时间：47分钟　口味·鲜

原料准备

猪骨段	300克
雪莲果	130克
胡萝卜	80克
水发莲子	50克
蜜枣	30克
干百合	20克
姜片、葱花	各少许

调料

盐	3克
鸡粉	少许
料酒	5毫升

制作方法

1. 胡萝卜切滚刀块；洗好去皮的雪莲果切小块。

2. 锅中注水烧开，淋入料酒，放入猪骨段煮约半分钟，捞出。

3. 砂锅中注水，倒入莲子、百合、姜片、蜜枣、猪骨段、料酒，煮约30分钟，至猪骨熟软。

4. 倒入胡萝卜、雪莲果，续煮约15分钟，加入盐、鸡粉，续煮至汤汁入味，盛出，撒上葱花即成。

煲·功·秘·诀

猪骨段最好切得小一点，这样余水时血渍才更易清除干净。

腰豆莲藕猪骨汤

烹饪时间：31分钟　　口味：鲜

原料准备

猪脊骨块····600克

莲藕··········100克

姜片··········20克

无花果········30克

红腰豆········80克

调料

盐、鸡粉····各2克

料酒··········8毫升

制作方法

1 去皮洗净的莲藕切厚块，改切成丁。

2 锅中注水烧开，倒入猪骨块，淋入适量料酒，煮沸，撇去浮沫，捞出，沥干水，待用。

3 砂锅注入适量清水烧开，放入猪骨，倒入姜片、无花果，加入莲藕，淋入料酒，搅拌匀，加盖，烧开后小火炖20分钟。

4 揭开盖子，放入红腰豆，搅拌几下，混合均匀。

5 盖上盖子，小火炖10分钟至红腰豆软烂。

6 揭盖，放盐、鸡粉，拌匀调味。

7 盛出煮好的汤料，装入碗中即可。

煲·功·秘·诀

　　腰豆不易煮至软烂，煮之前先用温水浸泡2小时，可缩短煮制的时间。

枸杞黑豆煲猪骨

烹饪时间：31分钟　口味：鲜

原料准备

猪排骨………400克
水发黑豆…100克
红枣…………30克
枸杞…………10克
姜片…………15克
葱花…………少许

调料

盐、鸡粉…各2克
料酒………10毫升

制作方法

1 锅中注入适量清水烧热，放入洗净的排骨，氽去血水，捞出，沥干水分，待用。

2 砂锅中注入适量清水烧开，放入排骨、黑豆、红枣、姜片、枸杞，淋入适量料酒，搅拌匀。

3 盖上盖，烧开后用小火煮30分钟。

4 揭开盖，放入适量盐、鸡粉，用勺拌匀，略煮片刻使猪骨汤更入味；盛出煮好的汤料，装入碗中，放上葱花即可。

芦荟猪骨汤

烹饪时间：31分钟　口味：鲜

原料准备

芦荟……………40克

猪骨…………300克

姜片…………少许

调料

盐、鸡粉…各2克

料酒…………4毫升

制作方法

1 洗净的芦荟切去两侧的毛刺，切成块。

2 锅中加入清水烧开，倒入猪骨，煮2分钟，捞出。

3 砂锅中加入清水，倒入猪骨、姜片、料酒、芦荟，拌匀，煮30分钟，至猪骨熟透。

4 揭开盖，加入适量盐、鸡粉，搅拌均匀，调味即可。

 煲·功·秘·诀

芦荟不宜反复清洗，否则会使其营养流失。

西红柿苦瓜排骨汤

烹饪时间：46分钟　　口味：鲜

原料准备

西红柿······90克
苦瓜·······200克
排骨·······300克
姜片········少许

调料

鸡粉、盐···各2克
料酒··········4毫升

制作方法

1. 洗净的苦瓜对半切开，去籽，切成小块；洗净的西红柿切成小块。

2. 锅中注入适量清水烧开，倒入洗净的排骨块，煮沸后放入适量料酒，煮1分30秒，余去血水，捞出，沥干水分，待用。

3. 砂锅中注入适量清水烧开，倒入排骨、姜片、苦瓜，淋入少许料酒，盖上盖，用小火煮30分钟，至排骨熟软。

4. 揭开盖，放入切好的西红柿。

5. 盖上盖，用小火煮15分钟，至全部食材熟透。

6. 揭盖，加入适量盐、鸡粉，搅匀调味。

7. 盛出煮好的汤料，装入碗中即可。

煲·功·秘·诀

西红柿去皮，口感会更好；将切好的苦瓜放入淡盐水中浸泡一会儿，可降低其苦味。

萝卜排骨汤

烹饪时间：47分钟　　口味：鲜

原料准备 🖊

排骨段······400克
白萝卜······300克
红枣··········35克
姜片··········少许

调料

盐、鸡粉···各2克
胡椒粉·········少许
料酒·········7毫升

制作方法 🍲

1 将洗净去皮的白萝卜切厚片，再切条形，改切成小块。

2 锅中注水烧开，倒入排骨段、料酒，煮半分钟，捞出。

3 砂锅中加入水、排骨段、姜片、红枣、料酒、白萝卜，拌匀，煮约30分钟，至食材熟软。

4 加入盐、鸡粉、胡椒粉，搅匀，盛出即可。

🍲 煲·功·秘·诀

　　红枣切开后再放入砂锅中炖煮，这样更容易析出其营养物质。

胡椒猪肚芸豆汤

烹饪时间：62分钟　口味：鲜

原料准备 ✎

猪肚…………200克
水发芸豆……100克
黑胡椒粒……15克
姜片、
葱花………各少许

调料

盐………………3克
鸡粉…………2克
料酒…………8毫升
生粉、白醋、水淀粉、
食用油………适量

制作方法 🍲

1　将处理好的猪肚装入碗中，放入白醋、盐、生粉，抓匀；把猪肚洗净，改切成块。

2　锅中注水烧开，倒入猪肚、料酒，煮1分钟，捞出猪肚。

3　汤锅中注入清水烧开，放入猪肚、姜片、芸豆、黑胡椒粒、料酒，拌匀；盖上盖，炖1小时，至猪肚熟透。

4　加入盐、鸡粉调味，盛出汤料装入碗中，撒上葱花即可。

🍲 煲·功·秘·诀

　　黑胡椒粒不要放太多，以免影响成汤口感，掩盖猪肚本身的鲜味。

腐竹栗子猪肚汤

烹饪时间：192分钟　　口味：清淡

原料准备 ✍

猪肚·········300克

瘦肉·········200克

水发腐竹···150克

板栗·········100克

红枣···········10克

调料

盐···············2克

制作方法 🍱

1 洗净的瘦肉切块；洗好的猪肚切粗丝；洗净的腐竹切段。

2 锅中注入适量清水烧开，倒入瘦肉，汆煮片刻，捞出，沥干水分，装盘备用。

3 放入猪肚，汆煮片刻，关火后捞出猪肚，沥干水分，装盘待用。

4 砂锅中注入适量清水，倒入猪肚、瘦肉、板栗、红枣，大火煮开转小火煮3小时。

5 放入腐竹，拌匀，续煮10分钟至腐竹熟。

6 加入盐，搅拌片刻至入味即可。

煲·功·秘·诀

冷水浸泡腐竹可以保证腐竹的完整，不易破碎；板栗最好切得小一点，这样比较容易煮熟。

煲·功·秘·诀

氽煮猪肚时可加入料酒，能去除其异味。

原料准备

猪肚··········350克
胡萝卜········90克
淮山··········30克
党参··········30克
蜜枣··········25克
姜片··········少许

调料

盐、鸡粉···各2克
胡椒粉··········2克

烹饪时间：43分钟　口味：鲜

淮山胡椒猪肚汤

制作方法

1　洗净的猪肚切成小块；洗好的胡萝卜切滚刀块；洗净的党参切段，备用。

2　锅中注入适量清水烧开，倒入胡萝卜、猪肚，煮约3分钟，捞出氽煮好的材料，装盘备用。

3　砂锅中注入适量清水烧开，倒入胡萝卜、猪肚、淮山、党参、蜜枣、姜片，用大火烧开，转小火炖30分钟。

4　加入胡椒粉，用小火再炖10分钟；加入盐、鸡粉，拌匀调味即可。

红枣白萝卜猪蹄汤

烹饪时间：60分钟　口味：鲜

原料准备

白萝卜……200克

猪蹄………400克

红枣…………20克

姜片…………少许

调料

盐、鸡粉…各2克

料酒……16毫升

胡椒粉………2克

制作方法

1　洗好去皮的白萝卜切开，再切成小块。

2　锅中注水烧开，倒入猪蹄、料酒，煮沸，捞出。

3　砂锅中加入水、猪蹄、红枣、姜片、料酒，煮40分钟，至食材熟软。

4　倒入白萝卜，续煮20分钟，至全部食材熟透；放入盐、鸡粉、胡椒粉，搅拌片刻，至食材入味即可。

煲·功·秘·诀

白萝卜以煮至透明状，能用筷子插入为佳；余好水的猪蹄可以在凉水中浸泡片刻，口感会更好。

川味蹄花汤

烹饪时间：62分钟　　口味：鲜

原料准备

猪蹄块……350克
水发芸豆……90克
干辣椒………7克
香叶、姜片、葱花、
白芝麻……各少许

调料

盐、鸡粉… 各2克
料酒………9毫升

制作方法

1 锅中注入适量清水烧开，倒入猪蹄块，搅匀。

2 汆煮片刻，淋入少许料酒，搅拌均匀，捞出猪蹄，沥干水分，装盘待用。

3 砂锅中注入适量清水烧开，倒入猪蹄、芸豆、干辣椒、姜片、香叶，搅拌片刻。

4 淋入少许料酒，搅匀，盖上锅盖，烧开后转小火煮约1小时至食材熟软。

5 揭开锅盖，加入少许盐、鸡粉。

6 搅匀，用中火略煮一会儿，使汤汁入味。

7 关火后盛出煮好的汤料，装入碗中，撒上白芝麻、葱花即可。

煲·功·秘·诀

　　汆煮猪蹄的时候可以放点白醋，去腥效果更好；在汤里加点酸菜同煮，更具风味。

淮山板栗猪蹄汤

烹饪时间：130分钟　　口味：鲜

原料准备 🌿

猪蹄·······500克

板栗·······150克

淮山·········少许

姜片·········少许

调料

盐···············3克

制作方法 🍲

1 锅中注水烧开，倒入猪蹄，煮片刻，捞出。

2 砂锅中注水烧开，倒入猪蹄、淮山、板栗、姜片拌匀。

3 盖上锅盖，烧开后转小火煮2个小时。

4 掀开锅盖，撇去汤面的浮沫，加入盐，搅匀调味即可。

煲·功·秘·诀

剥好的板栗要用开水浸泡，能更快的去除衣膜。

花生眉豆猪蹄汤

烹饪时间：182分钟　口味：鲜

原料准备

猪蹄·············400克

木瓜············150克

水发眉豆···100克

花生·············80克

红枣·············30克

姜片·············少许

调料

盐·················2克

料酒············适量

制作方法

1 洗净的木瓜切开，去籽，切块。

2 锅中注水烧开，倒入猪蹄、料酒，煮至转色，捞出。

3 砂锅中注水烧开，倒入猪蹄、红枣、花生、眉豆、姜片、木瓜，拌匀，煮3小时至食材熟软。

4 揭盖，加入盐，搅拌至入味；关火后将煮好的菜肴盛出，装入碗中即可。

煲·功·秘·诀

在汆煮猪蹄时淋入少许料酒，可以有效去除猪蹄的异味；眉豆可以用温水泡发，这样会缩短泡发时间。

胡萝卜猪蹄汤

烹饪时间：62分钟　　口味：鲜

原料准备 🌾

猪蹄块····500克
胡萝卜····200克
芡实·········10克
姜片··········少许

调料

盐、鸡粉···各2克

制作方法 🍱

1 洗净去皮的胡萝卜切滚刀块。

2 锅中注入适量清水烧开，放入猪蹄块，煮沸，氽去血水。

3 把氽煮好的猪蹄捞出，装盘备用。

4 砂锅中注入适量清水烧开，倒入姜片、芡实，放入猪蹄、胡萝卜。

5 盖上盖，用小火炖1小时至食材熟透。

6 揭盖，放入鸡粉、盐，拌匀调味。

7 盛出煲好的汤料，倒入碗中即可。

 煲·功·秘·诀

猪蹄块不宜太大，否则不易熟透。

丝瓜虾皮猪肝汤

烹饪时间：2分30秒　　口味：鲜

原料准备

丝瓜	90克
猪肝	85克
虾皮	12克
姜丝	少许
葱花	少许

调料

盐、鸡粉	各3克
水淀粉	2毫升
食用油	适量

制作方法

1　将去皮洗净的丝瓜对半切开，切成片。

2　洗好的猪肝切成片，装入碗中，放入少许盐、鸡粉、水淀粉、食用油，腌渍10分钟。

3　锅中注油烧热，放入姜丝，爆香，再放入虾皮，翻炒出香味；倒入适量清水，用大火煮沸。

4　倒入丝瓜，加入盐、鸡粉，拌匀后放入猪肝，用锅铲搅散，继续用大火煮至沸腾；盛出装入碗中，再撒入葱花即可。

红枣猪肝冬菇汤

烹饪时间：62分钟　口味：鲜

原料准备

猪肝·········200克

水发香菇···60克

红枣··········20克

枸杞···········8克

姜片·········少许

调料

鸡汁·········8毫升

料酒·········8毫升

盐···············2克

制作方法

1 洗好的香菇切成小块；处理好的猪肝切成片，备用。

2 锅中加入水，倒入猪肝煮沸，捞出，沥干水分。

3 锅中注水烧开，倒入香菇块、红枣、枸杞、姜片、料酒、鸡汁、盐，拌匀，盛出装入盛有猪肝的碗中。

4 转入烧开的蒸锅中，盖上盖，用小火蒸1小时，至食材熟透即可。

煲·功·秘·诀

猪肝在烹制前可以放入清水中浸泡1小时，这样有利于洗去毒素和杂质。

芸豆羊肉汤

烹饪时间：53分钟　　口味：鲜

原料准备 ✎

羊肉·········300克
水发芸豆···100克
桂皮··········15克

调料

盐、鸡粉····各3克
胡椒粉·········少许

制作方法 🍲

1 将洗净的羊肉切条，改切块。

2 锅中注入适量清水烧开，倒入羊肉，煮沸，汆去血水。

3 把羊肉捞出，沥干水分，待用。

4 砂锅注入适量清水，倒入羊肉、芸豆、桂皮，搅匀。

5 加盖，大火烧开后用小火炖50分钟。

6 揭盖，放入盐、鸡粉、胡椒粉，拌匀调味即可。

7 盛出煲好的汤料，倒入碗中即可。

🍲 煲·功·秘·诀

芸豆可以放入温水中浸泡，待充分涨发后再用于炖汤，可以节省炖汤的时间。

煲·功·秘·诀

口蘑可以氽一道水，表面上的杂质可更好地去除。

南瓜豌豆牛肉汤

烹饪时间：21分钟　口味：鲜

原料准备

牛肉………150克
南瓜………180克
口蘑………30克
豌豆………70克
姜片………少许
香叶………少许

调料

盐、鸡粉…各2克
料酒………6毫升

制作方法

1　洗净的口蘑切成小块；洗净去皮的南瓜切成片；处理好的牛肉切成片。

2　锅中注水烧开，放入洗好的豌豆、口蘑、南瓜，氽煮半分钟，捞出；再倒入牛肉，氽煮至转色，捞出，沥干水分，待用。

3　砂锅中注入适量清水，大火烧热，放入姜片、香叶，倒入牛肉，淋入料酒，放入氽煮好的食材，盖上锅盖，烧开后转小火炖20分钟至熟。

4　揭开锅盖，放入鸡粉、盐，搅匀调味即可。

牛肉蔬菜汤

烹饪时间：8分钟　口味：鲜

原料准备

土豆.........150克

洋葱.........150克

西红柿.......100克

牛肉.........200克

蒜末、

葱段.........各少许

调料

盐、鸡粉...各3克

料酒.........10毫升

水淀粉.........适量

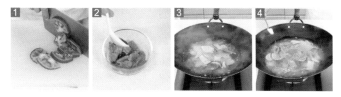

制作方法

1 西红柿切片；土豆切片；洋葱切成块；牛肉切成片。

2 牛肉装入碗中，加盐、鸡粉、料酒、水淀粉，拌匀，腌渍10分钟至其入味。

3 锅中注水烧开，放入土豆、洋葱、葱段、蒜末、西红柿，拌匀。

4 加入牛肉，拌匀，煮至食材熟透，加入盐、鸡粉，拌匀，撇去浮沫即可。

煲·功·秘·诀

切好的土豆可先在清水中泡片刻，口感会更好；待牛肉煮沸后，可撇去浮沫，这样不会影响汤的口感。

芸豆平菇牛肉汤

烹饪时间：22分钟　　口味：鲜

原料准备 🌿

牛肉·········120克

水发芸豆···100克

平菇·········90克

姜丝·········少许

葱花·········少许

调料

盐·················3克

鸡粉············2克

食粉·········少许

生抽·········3毫升

水淀粉········适量

食用油········适量

制作方法 🍲

1 将洗净的平菇切小块。

2 洗好的牛肉切成小片，装入碗中，加入食粉、盐、鸡粉、生抽、水淀粉、食用油，腌渍至入味。

3 锅中注水烧开，倒入洗净的芸豆，撒上姜丝，煮沸后用小火煮约20分钟，至芸豆变软。

4 揭盖，加入少许盐、鸡粉，淋入少许食用油，倒入切好的平菇，拌匀。

5 盖上盖，用大火煮约1分钟，至汤汁沸腾。

6 取下盖，放入腌渍好的牛肉片，搅拌匀，略煮片刻，至食材熟透；盛出煮好的牛肉汤，装入汤碗中，撒上葱花即成。

> 🍲 煲·功·秘·诀
>
> 牛肉片切的厚度要均匀，这样口感才好；平菇事先需用水焯煮片刻，这样可去除其异味。

软滑营养禽蛋汤

禽肉的味道鲜美、口感细嫩、易于消化，而且脂肪含量较低。蛋类是人体最好的营养品，用禽肉和蛋类煲汤，既好吃又易吸收。

猴头菇煲鸡汤

烹饪时间：31分钟　　口味：鲜

原料准备 ✎

水发猴头菇…50克

玉米块………120克

鸡肉块………350克

姜片…………少许

调料

鸡粉、盐……各2克

料酒…………8毫升

制作方法 🍲

1 洗好的猴头菇切成小块。

2 锅中注水烧开，倒入鸡肉块、料酒，煮片刻，捞出。

3 砂锅中注水烧开，倒入玉米块、猴头菇、鸡肉块、姜片、料酒，拌匀，煮30分钟，至食材熟透。

4 揭开盖子，放入鸡粉、盐，拌匀调味即可。

煲·功·秘·诀

猴头菇不宜放太多，否则汤会有苦味。

山药麦芽鸡汤

烹饪时间：4分钟　口味：鲜

原料准备

山药⋯⋯⋯200克

鸡肉⋯⋯⋯400克

麦芽⋯⋯⋯20克

神曲⋯⋯⋯10克

蜜枣⋯⋯⋯1颗

姜片⋯⋯⋯20克

调料

盐⋯⋯⋯⋯3克

鸡粉⋯⋯⋯2克

制作方法

1 洗净去皮的山药切丁；洗好的鸡肉斩成小块。

2 锅中注水烧开，倒入鸡块，汆去血水，捞出，沥干水分。

3 砂锅中注水烧开，倒入蜜枣、麦芽、神曲、姜片、鸡块，拌匀，煮至药材析出有效成分。

4 放入山药丁，煮至熟透，加入盐、鸡粉，拌匀，煮至食材入味，将煮好的汤料盛出，装入汤碗中即可。

煲·功·秘·诀

切好的山药可先泡在盐水中，以免氧化；不能过早放盐，否则会使肉中的蛋白质凝固，降低营养价值。

黑豆莲藕鸡汤

烹饪时间：42分钟　　口味：鲜

原料准备 ✍

水发黑豆…100克

鸡肉………300克

莲藕………180克

姜片…………少许

调料

盐、鸡粉…各少许

料酒…………5毫升

制作方法 🍲

1 将洗净去皮的莲藕切丁；洗好的鸡肉斩成
  小块。

2 锅中注入适量清水烧开，倒入鸡块，煮一
  会儿。

3 去除血水后捞出，沥干水分。

4 砂锅中注水烧开，倒入姜片、鸡块、黑豆、
  藕丁、料酒，拌匀。

5 盖上盖，煮沸后用小火炖煮约40分钟，至
  食材熟透。

6 取下盖子，加入盐、鸡粉，搅拌均匀，煮
  至入味。

7 盛出煮好的鸡汤，装入汤碗中即成。

🍲 **煲·功·秘·诀** ⌐

　　煮汤前最好将黑豆泡软后再使用，这样可以缩短烹饪的时
间；如果图方便，莲藕可以不焯水。

煲·功·秘·诀

节瓜不宜切的太小，以免煮得太烂影响口感。

原料准备 ✎

节瓜·········180克
鸡爪·········200克
猪骨·········100克
花生米········40克
荷叶··········5克
红枣·········20克
姜片·········少许

调料

鸡粉、盐···各2克
料酒·········5毫升

花生鸡爪节瓜汤

烹饪时间：65分钟　口味：鲜

制作方法 🍲

1 洗净去皮的节瓜切条，去瓤，切成小块；处理好的鸡爪切去爪尖。

2 砂锅中注水，大火烧开，倒入鸡爪、猪骨、花生米，煮1分钟，捞出，沥干水分，待用。

3 砂锅中注入适量清水，用大火烧热，倒入姜片，放入汆煮好的食材，放入节瓜、红枣、荷叶，淋入料酒，拌匀，盖上锅盖，烧开后转小火炖1小时。

4 揭开锅盖，放入盐、鸡粉，搅匀调味即可。

青橄榄鸡汤

烹饪时间：43分钟　口味·鲜

原料准备

鸡肉	350克
玉米棒	150克
胡萝卜	70克
青橄榄	40克
姜片、葱花	各少许

调料

鸡粉	2克
胡椒粉	少许
盐	2克
料酒	6毫升

制作方法

1 胡萝卜切成小块；玉米棒切成厚块；鸡肉斩切小块。

2 锅中注水烧开，倒入鸡肉块，煮约半分钟，捞出。

3 砂锅中注水烧开，倒入鸡块、青橄榄、姜片、玉米、胡萝卜、料酒，拌匀，煮40分钟至食材熟透。

4 加入盐、鸡粉、胡椒粉，拌匀，煮片刻至汤汁入味；盛出，装入碗中，放入葱花即可。

 煲·功·秘·诀

鸡肉块不可切得太大，否则不易入味，口感欠佳。

黑豆乌鸡汤

烹饪时间：31分钟　　口味：鲜

原料准备

乌鸡肉…………250克

水发黑豆…………70克

姜片、葱段…各少许

调料

盐、鸡粉…各3克

料酒…………4毫升

制作方法

1　将洗净的乌鸡肉切成小块。

2　锅中注入适量清水，用大火烧开，倒入鸡块，搅匀，煮1分钟，氽去血水，捞出，待用。

3　砂锅中注入适量清水，倒入洗好的黑豆，盖上盖，用大火烧开。

4　揭盖，放入乌鸡肉、姜片，加适量料酒。

5　盖上盖，烧开后用小火炖30分钟至鸡肉熟透。

6　揭盖，放入盐、鸡粉，拌匀调味。

7　盛出，装入碗中，放上葱段即可。

煲·功·秘·诀

黑豆要用温水泡发，能减短泡发时间；炖煮乌鸡时，最好使用小火慢炖，这样能很好地保存住营养。

仙人掌乌鸡汤

烹饪时间：93分钟　　口味：鲜

原料准备 ✍

食用仙人掌…180克

乌鸡块………500克

蜜枣…………40克

调料

盐……………3克

鸡粉…………2克

制作方法 🍲

1　将洗净去皮的仙人掌切成小块。

2　锅中注水烧开，倒入乌鸡块，煮沸，汆去血水，捞出。

3　砂锅注入适量清水，倒入乌鸡块、蜜枣、仙人掌，盖上盖，大火煮开后用小火炖90分钟。

4　揭盖，放入盐、鸡粉，拌匀调味即可。

 煲·功·秘·诀

仙人掌皮较硬应当去除，以免影响菜肴的口感。

原料准备

乌鸡·········400克

滑子菇······100克

姜片··········少许

葱花··········少许

调料

盐、鸡粉···各2克

料酒··········8毫升

制作方法

1 锅中注入适量清水烧开，倒入洗净的乌鸡块，淋入适量料酒，氽去血水，捞出，沥干待用。

2 砂锅中注入适量清水，倒入氽过水的乌鸡，放入姜片，加入洗净的滑子菇，淋入适量料酒，搅拌匀。

3 盖上盖，烧开后用小火煮40分钟，至食材熟透。

4 揭开盖，放入适量盐、鸡粉，用勺拌匀调味；盛出煮好的汤料，装入汤碗中，放入葱花即可。

烹饪时间：41分钟　口味：鲜

滑子菇乌鸡汤

枸杞木耳乌鸡汤

烹饪时间：120分钟　　口味：鲜

原料准备 ✎

乌鸡·········400克

木耳·········40克

枸杞·········10克

姜片·········少许

调料

盐·············3克

制作方法 🍲

1　锅中注入适量清水大火烧开，倒入备好的乌鸡，搅拌余去血沫。

2　将鸡块捞出，沥干水分待用。

3　砂锅中注入适量清水大火烧热。

4　倒入乌鸡、木耳、枸杞、姜片，搅拌匀。

5　盖上锅盖，煮开后转小火煮2小时至熟透。

6　掀开锅盖，加入少许盐，搅拌片刻。

7　盛出煮好的汤料，装入碗中即可。

煲·功·秘·诀

余烫乌鸡的时候可以放些料酒，去腥效果更佳；木耳泡发后，一定要用流水冲洗，才能更好地清理。

煲·功·秘·诀

余过水的鸡肉可以过冷水冲洗片刻，能更好的去除血沫。

黑蒜鸡汤

烹饪时间：40分钟　口味：鲜

原料准备

黑蒜……………80克
鸡腿块………240克
红枣……………50克
桂圆肉…………60克
姜片……………少许

调料

盐、鸡粉…各2克

制作方法

1 锅中注入适量清水，大火烧开，倒入备好的鸡腿块，余煮去血水，捞出，沥干水分待用。

2 砂锅中注入适量清水，大火烧热，倒入鸡腿块、红枣、桂圆肉、姜片，搅匀，煮开后转小火煮30分钟至熟软。

3 倒入备好的黑蒜，拌匀，续煮10分钟。

4 加入少许盐、鸡粉，搅匀调味；关火，将煮好的鸡汤盛出装入碗中即可。

菠萝苦瓜鸡块汤

烹饪时间：41分钟　　口味：鲜

原料准备

鸡肉块……300克

菠萝肉……200克

苦瓜………150克

姜片…………少许

葱花…………少许

调料

盐、鸡粉…各2克

料酒…………6毫升

制作方法

1　洗好的苦瓜去瓤，切块；菠萝肉切成小块。

2　锅中注水烧开，倒入鸡肉块拌匀，余去血水，捞出。

3　砂锅中加入水、鸡肉块、姜片、料酒，煮约35分钟。

4　倒入苦瓜、菠萝，拌匀，煮约5分钟至食材熟透，加入盐、鸡粉，拌匀，盛出装入碗中，点缀上葱花即可。

煲·功·秘·诀

菠萝肉可提前放入盐水中浸泡片刻，口感会更好；苦瓜瓤要刮除干净，可以减轻苦味。

酸萝卜老鸭汤

烹饪时间：62分钟　　口味：鲜

原料准备

老鸭肉块···500克
酸萝卜·······200克
生姜···········40克
花椒···········10克

调料

盐·················3克
鸡粉··············2克
料酒·········8毫升

制作方法

1 将洗净去皮的生姜切成片。

2 锅中注入适量清水烧开，倒入洗净的鸭肉块，淋入少许料酒，汆去血渍，捞出待用。

3 砂锅中注水烧开，放入洗净的花椒，倒入鸭肉块，撒上姜片，淋入少许料酒提味。

4 盖上盖，煮沸后用小火炖煮约40分钟，至肉质变软。

5 揭盖，倒入酸萝卜，搅拌匀，盖上盖，用小火续煮约20分钟，至食材熟透。

6 揭开盖，加入少许盐、鸡粉，搅匀调味，续煮片刻，至汤汁入味。

7 盛出，倒入碗中即可。

煲·功·秘·诀

鸭肉焯水后放入凉水中，这样口感会更好；将酸萝卜放入清水中泡一会儿，能减轻其酸味。

黄豆马蹄鸭肉汤

烹饪时间：41分钟　　口味：鲜

原料准备 🌿

鸭肉………500克

马蹄………110克

水发黄豆…120克

姜片…………20克

调料

盐、鸡粉…各2克

料酒………20毫升

制作方法 🍲

1 去皮洗净的马蹄切成小块。

2 锅中注水烧开，倒入鸭块、料酒煮沸，去除血水，捞出。

3 砂锅注水烧开，倒入黄豆、马蹄、鸭块、姜片、料酒，拌匀，炖40分钟至熟透。

4 揭开盖子，加入盐、鸡粉，拌匀调味即可。

🍲 煲·功·秘·诀

鸭肉性凉，炖汤时可以多放些姜片驱寒。

红豆鸭汤

烹饪时间：62分钟　口味：鲜

原料准备

水发红豆⋯250克

鸭腿肉⋯⋯⋯300克

姜片⋯⋯⋯⋯⋯少许

葱段⋯⋯⋯⋯⋯少许

调料

盐、鸡粉⋯各2克

胡椒粉⋯⋯⋯⋯适量

料酒⋯⋯⋯⋯⋯适量

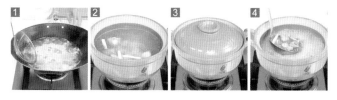

制作方法

1 锅中注入适量清水烧开，倒入鸭腿肉，淋入料酒，略
　煮一会儿，汆去血水，捞出备用。

2 砂锅中注入适量清水烧开，倒入备好的红豆、鸭腿肉，
　放入姜片、葱段，淋入料酒。

3 盖上盖，用大火煮开后转小火煮1小时至食材熟透。

4 揭盖，放入盐、鸡粉、胡椒粉，拌匀调味即可。

煲·功·秘·诀

　　红豆在煮前要浸泡久一点，煮出来的口感会更绵软；食
材炖好之后再放盐，味道会更鲜美。

鲜蔬腊鸭汤

烹饪时间：62分钟　　口味：鲜

原料准备 🌾

腊鸭腿肉……300克
去皮胡萝卜…100克
去皮竹笋……100克
菜心…………120克
姜片……………少许

制作方法 🍲

1 洗净的胡萝卜切滚刀块；洗好的竹笋切滚刀块。

2 锅中注入适量清水烧开，倒入腊鸭腿肉，汆煮片刻。

3 关火，捞出汆煮好的腊鸭腿肉，沥干水分，装入盘中备用。

4 砂锅中注入适量清水，倒入腊鸭腿肉、竹笋、胡萝卜、姜片，拌匀。

5 加盖，小火煮1小时至食材熟软。

6 揭盖，倒入菜心，稍煮片刻至入味。

7 盛出煮好的汤料，装入碗中即可。

煲·功·秘·诀

腊鸭汆煮时间不宜过久，否则营养成分会流失；不喜欢胡萝卜味道的人可事先将胡萝卜汆下水。

煲·功·秘·诀

冬笋可以先用开水焯一下，这样能去除其涩味。

菌菇冬笋鹅肉汤

烹饪时间：51分30秒　口味：鲜

原料准备

鹅肉………500克
茶树菇……90克
蟹味菇……70克
冬笋…………80克
姜片…………少许
葱花…………少许

调料

盐、鸡粉…各2克
料酒………20毫升
胡椒粉………适量

制作方法

1　洗好的茶树菇切去老茎，改切段；洗净的蟹味菇切去老茎；去皮洗好的冬笋切片，备用。

2　锅中注入适量清水烧开，倒入洗好的鹅肉，淋入适量料酒，煮至沸，氽去血水，捞出备用。

3　砂锅中注水烧开，倒入鹅肉、姜片、料酒，烧开后转小火炖30分钟，至鹅肉熟软。

4　倒入茶树菇、蟹味菇、冬笋片，搅拌片刻，用小火再炖20分钟，至食材熟透；放入少许盐、鸡粉、胡椒粉，搅拌片刻，至食材入味盛出，撒上葱花即可。

薄荷水鸭汤

烹饪时间：62分钟　口味：鲜

原料准备

薄荷…………8克

干百合……30克

玉竹………25克

鸭肉……400克

姜片………25克

调料

盐…………3克

鸡粉………2克

料酒……10毫升

制作方法

1 洗净的鸭肉斩件，再斩成小块。

2 锅中注水烧开，倒入鸭块、料酒，煮沸，捞出。

3 砂锅中注水烧开，倒入鸭肉、姜片、薄荷、百合、玉竹、料酒，拌匀，炖1小时，至食材熟透。

4 揭开盖，放入少许盐、鸡粉，搅拌匀，略煮片刻，至食材入味即可。

煲·功·秘·诀

鸭肉焯水后放凉水中洗一下，这样味道会更好；薄荷与鸭肉都是凉性的，可以多放些姜片中和一下。

菌菇鸽子汤

烹饪时间：37分钟　　口味：鲜

原料准备 ✎

鸽子肉····400克

蟹味菇······80克

香菇·········75克

姜片·········少许

葱段·········少许

调料

盐、鸡粉···各2克

料酒·········8毫升

制作方法 🍲

1 将洗净的鸽子肉斩成小块。

2 锅中注水烧开，倒入鸽肉块，淋入少许料酒，煮约半分钟，余去血渍，捞出，沥干待用。

3 砂锅中注水烧开，倒入鸽肉、姜片、料酒，盖上盖，烧开后炖煮约20分钟，至肉质变软。

4 揭盖，倒入洗净的蟹味菇、香菇，搅拌匀。

5 盖好盖，用小火续煮约15分钟，至食材熟透。

6 揭开盖，加入少许鸡粉、盐，续煮至汤汁入味；盛出鸽子汤，装入汤碗中，撒上葱段即成。

煲·功·秘·诀

蟹味菇焯水时间不宜太久，否则营养成分会流失；鸽子的肉质较嫩，放入姜片不宜过多，以免影响鸽肉的鲜味。

胡萝卜鹌鹑汤

烹饪时间：42分钟　　口味：鲜

原料准备

鹌鹑肉……200克
胡萝卜……120克
猪瘦肉………70克
姜片…………少许
葱花…………少许

调料

盐、鸡粉…各2克
料酒………5毫升

制作方法

1 胡萝卜切滚刀块；猪瘦肉切丁；鹌鹑肉切小块。

2 锅中水烧开，倒入鹌鹑肉、瘦肉、料酒，煮1分钟，捞出。

3 砂锅中注水，倒入鹌鹑肉、瘦肉、姜片、胡萝卜块、料酒，拌匀，煲煮约40分钟，至食材熟透。

4 加入盐、鸡粉，煮至入味，盛出装碗中，放葱花即成。

煲·功·秘·诀

胡萝卜最好切得均匀一些，这样才更易熟透。

干贝冬瓜煲鸭汤

烹饪时间：62分钟　口味：鲜

原料准备

冬瓜·······185克
鸭肉块····200克
咸鱼·········35克
干贝··········5克
姜片·······少许

调料

盐··············2克
料酒·······5毫升
食用油······适量

制作方法

1 冬瓜切块；咸鱼切块；锅中注水烧开，倒入鸭块、料酒，汆煮片刻，捞出。

2 热锅注油，放入咸鱼、干贝，油炸片刻，捞出。

3 砂锅中加入水、鸭块、咸鱼、干贝、姜片，煮熟。

4 放入冬瓜块，拌匀，续煮30分钟至冬瓜熟，加入盐，搅拌片刻至入味即可。

煲·功·秘·诀

　　汆煮鸭肉时淋入少许料酒，可以去除异味；由于干贝本身带有咸味，所以盐可少放。

鹌鹑蛋鸡肝汤

烹饪时间：4分钟　口味：鲜

原料准备

鸡肝·········120克

熟鹌鹑蛋···100克

枸杞叶········30克

姜丝·············少许

调料

盐、鸡粉····各2克

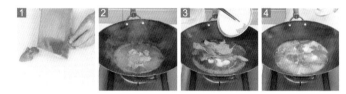

制作方法

1 洗好的鸡肝切片；洗净的枸杞叶取嫩叶，待用。

2 锅中注入适量清水烧开，倒入鸡肝，拌匀，余去血水，捞出鸡肝，沥干水分，待用。

3 锅中注入适量清水烧开，放入姜丝、鹌鹑蛋，倒入鸡肝、枸杞叶，用中火煮约3分钟至熟。

4 加入盐、鸡粉，拌匀，至食材入味即可。

煲·功·秘·诀

新鲜的鸡肝要在清水中泡2小时以上，这样能去除其中的杂质；要将汤中的浮沫撇去，这样能使汤的口感更佳。

马齿苋蒜头皮蛋汤

烹饪时间：3分钟　　口味：鲜

原料准备

马齿苋·····300克

皮蛋·······100克

蒜头·········少许

姜片·········少许

调料

盐···············2克

芝麻油·····3毫升

食用油·······少许

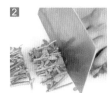

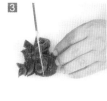

制作方法

1 去皮的蒜头用刀背拍扁。

2 摘洗好的马齿苋切成段。

3 皮蛋去壳，切瓣儿。

4 热锅注油烧热，放入姜片、蒜头，爆香。

5 注入适量清水，盖上锅盖，大火煮开。

6 掀开锅盖，倒入皮蛋、马齿苋，加入少许
　盐、芝麻油，搅匀调味。

7 盛出煮好的汤料，倒入碗中即可。

煲·功·秘·诀

把马齿苋放入沸水中浸泡片刻，能有效去除黏液；蒜头
可以油炸片刻再熬煮，味道会更香浓。

黄花菜鸡蛋汤

烹饪时间：3分钟　　口味：鲜

原料准备 ✎

水发黄花菜…100克

鸡蛋…………50克

葱花…………少许

调料

盐……………3克

鸡粉…………2克

食用油………适量

制作方法 🍳

1 将洗净的黄花菜切去根部。

2 将鸡蛋打入碗中，打散、调匀，待用。

3 锅中加入水、盐、鸡粉、黄花菜、食用油，煮至熟软。

4 倒入蛋液，边煮边搅拌，略煮一会儿，至液面浮出蛋花，盛出装入碗中，撒上葱花即成。

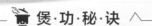

煲·功·秘·诀

　　锅中的汤汁沸腾后再倒入蛋液搅拌，这样蛋花才更易成形。

煲·功·秘·诀

边倒入蛋液边搅拌，可使蛋花更美观。

原料准备

水发紫菜…160克

白萝卜…230克

鸭蛋…1个

陈皮末…少许

葱花…少许

调料

盐、鸡粉…各2克

芝麻油…适量

制作方法

1 洗净去皮的白萝卜切成细丝；将鸭蛋打入碗中，打散调匀，制成蛋液，待用。

2 锅中注入适量清水烧热，倒入陈皮末，用大火煮沸，倒入白萝卜，拌匀，煮至断生。

3 放入紫菜，拌匀，煮至沸。

4 加入盐、鸡粉、芝麻油调味，倒入蛋液，拌匀，煮至蛋花成形；盛出装碗，撒上葱花即可。

烹饪时间：3分钟　口味：鲜

紫菜萝卜蛋汤

西红柿紫菜蛋花汤

烹饪时间：3分钟　　口味：鲜

原料准备

西红柿·····100克
鸡蛋···········1个
水发紫菜···50克
葱花··········少许

调料

盐、鸡粉··· 各2克
胡椒粉·········适量
食用油·········适量

制作方法

1 洗好的西红柿对半切开，再切成小块。

2 鸡蛋打入碗中，用筷子打散、搅匀。

3 用油起锅，倒入西红柿，翻炒片刻，加入适量
　清水，煮沸，盖上盖，用中火煮1分钟。

4 揭开盖，放入洗净的紫菜，搅拌均匀。

5 加入适量鸡粉、盐、胡椒粉，搅匀调味。

6 倒入蛋液，搅散，继续搅动至浮起蛋花。

7 盛出装入碗中，撒上葱花即可。

煲·功·秘·诀

西红柿可去皮，口感会更好；煮蛋花宜用小火，这样煮
出来的蛋花才美观。

PART 5

鲜甜味美水产汤

对于一个真正的水产控来说，水产汤自然必不可少。本章所选的汤水都较为简单，详细的烹饪步骤，配以彩图，读者可以一目了然地了解食物的制作要点，易于操作。

豆腐紫菜鲫鱼汤

烹饪时间：7分钟　　口味：鲜

原料准备

鲫鱼..........300克

豆腐..........90克

水发紫菜......70克

姜片、

葱花.........各少许

调料

盐..................3克

鸡粉..............2克

料酒、胡椒粉、

食用油......各适量

制作方法

1 将洗好的豆腐切成小方块，装入盘中，待用。

2 用油起锅，放入姜片，爆香；放入鲫鱼，煎至焦黄色。

3 淋入少许料酒、清水，加盐、鸡粉，再煮3分钟至鱼熟。

4 倒入豆腐、紫菜，加入胡椒粉，煮2分钟，至食材熟透；
把鲫鱼盛入碗中，倒入余下的汤，撒上葱花即可。

煲·功·秘·诀

煎鲫鱼时，要控制好时间和火候，至鲫鱼呈焦黄色即可。

黄花菜鲫鱼汤

烹饪时间：4分30秒　口味：鲜

原料准备

鲫鱼·············350克
水发黄花菜·····170克
姜片、葱花····各少许

调料

盐··················3克
鸡粉··············2克
料酒············10毫升
胡椒粉············少许
食用油············适量

制作方法

1　锅中注入食用油烧热，加入姜片，爆香；放入处理干净的鲫鱼，煎出焦香味，盛出，待用。

2　锅中倒入适量开水，放入煎好的鲫鱼，淋入少许料酒，加入适量盐、鸡粉、胡椒粉。

3　倒入洗好的黄花菜，搅拌匀。

4　用中火煮3分钟后盛出，装入汤碗中，撒上葱花即可。

煲·功·秘·诀

鲫鱼入锅前要把鱼身上的水擦干，以免煎的时候水与油接触会溅出油。

桂圆核桃鱼头汤

烹饪时间：5分钟　　口味：鲜

原料准备 🌿

鱼头·················500克
桂圆肉、核桃...各20克
姜丝·················少许

调料

盐、鸡粉···各2克
食用油·········适量
料酒·········5毫升

制作方法 🍲

1 处理好的鱼头斩成块状，待用。

2 热锅注油烧热，倒入鱼块，煎出焦香味。

3 放入备好的姜丝，爆出香味，淋入料酒，
  翻炒提鲜。

4 注入适量清水，放入备好的桂圆肉、核桃仁。

5 盖上锅盖，煮沸后转小火煮约2分钟。

6 掀开锅盖，放入盐、鸡粉，煮至入味。

7 盛出煮好的汤料，装入碗中即可。

煲·功·秘·诀

煎鱼头的时候可以煎得焦一点，味道会更浓郁更香；桂
圆肉入锅前用清水过一遍，去除杂质。

煲·功·秘·诀

煎鲫鱼时可加入少许料酒，这样可以去除鱼腥味。

鲫鱼银丝汤

烹饪时间：20分钟　口味：鲜

原料准备

鲫鱼·········600克
白萝卜······200克
红椒··········40克
姜片··········少许

调料

盐、鸡粉···各2克
食用油·········适量

制作方法

1 洗好的白萝卜切成丝；洗净的红椒切成丝，备用。

2 用油起锅，放入处理干净的鲫鱼，煎出焦香味，翻面，煎至鲫鱼两面呈焦黄色。

3 放入姜片，倒入适量清水，煮约10分钟至汤汁变白。

4 放入白萝卜丝、红椒丝，煮约3分钟，加入盐、鸡粉，拌匀，略煮至食材入味即可。

姜丝鲢鱼豆腐汤

烹饪时间：6分钟　口味：鲜

原料准备

鲢鱼肉·······150克
豆腐··········100克
姜丝、
葱花········各少许

调料

盐、鸡粉···各3克
胡椒粉、水淀粉、
食用油······各适量

制作方法

1 把洗净的豆腐切小块；洗好的鲢鱼肉切成片，装入碗中，加盐、鸡粉、水淀粉、食用油，腌渍至入味。

2 用油起锅，放入姜丝，爆香；往锅中注水煮沸。

3 加入盐、鸡粉、胡椒粉，倒入豆腐块，煮2分钟至熟。

4 倒入鱼肉片，搅匀，煮2分钟，至其熟透；盛出，装入碗中，撒上葱花即成。

煲·功·秘·诀

鲢鱼肉尽量切得薄一些，不仅易熟，还更易入味；放一些姜丝，可去除鱼的腥味。

马蹄带鱼汤

烹饪时间：4分钟   口味：鲜

原料准备

马蹄肉····100克
带鱼·······120克
枸杞、姜片、
葱花······各少许

调料

盐、鸡粉···各2克
料酒··········3毫升
胡椒粉·······适量
食用油·······适量

制作方法

1 用剪刀将处理干净的带鱼鳍剪去，再切成小块。

2 将马蹄肉切成片。

3 用油起锅，放入姜片，爆香，倒入切好的带鱼块，炒香。

4 淋入料酒，注入适量清水，加入盐、鸡粉，放入洗净的枸杞，用大火加热煮沸。

5 放入马蹄，搅匀，煮2分钟，至食材熟透。

6 撒入少许胡椒粉，用锅勺搅拌均匀；盛出煮好的汤料，装入碗中，撒上葱花即可。

煲·功·秘·诀

马蹄口感爽脆多汁，入锅后不宜煮制过久；带鱼也可以用料酒腌渍片刻，能更好地去腥。

茶树菇草鱼汤

烹饪时间：3分30秒　　口味：鲜

原料准备 ✎

水发茶树菇…90克
草鱼肉………200克
姜片、
葱花…………各少许

调料

盐、鸡粉……各3克
胡椒粉…………2克
料酒…………5毫升
芝麻油………3毫升
水淀粉………4毫升

制作方法 🍲

1 茶树菇切去老茎；草鱼肉切双飞片，装碗中，加入料酒、盐、鸡粉、胡椒粉、水淀粉、芝麻油，拌匀。

2 锅中注水烧开，倒入茶树菇，煮至七成熟，捞出。

3 另起锅，注水烧开，倒入茶树菇、姜片、芝麻油、盐、鸡粉、胡椒粉，搅匀，煮沸。

4 放入鱼片，煮至变色；盛出煮好的汤，放葱花即可。

煲·功·秘·诀

草鱼肉易熟，煮的时间不宜太长，否则容易煮老。

木瓜鲤鱼汤

烹饪时间：35分钟　口味：鲜

原料准备

鲤鱼..........800克

木瓜..........200克

红枣..............8克

香菜............少许

调料

盐、鸡粉...各1克

食用油........适量

制作方法

1 木瓜削皮，去籽，切成块；洗好的香菜切大段。

2 热锅注油，放入鲤鱼，煎至表皮微黄，盛出。

3 砂锅注水，放入鲤鱼，倒入木瓜、红枣，拌匀，加盖，用大火煮30分钟至汤汁变白。

4 揭盖，倒入切好的香菜，加入盐、鸡粉，稍稍搅拌至入味即可。

煲·功·秘·诀

鲤鱼先切上花刀再煮，这样肉质会更入味；放点胡椒粉，味道更佳。

莲藕葛根赤小豆鲤鱼汤

烹饪时间：122分钟　　口味：鲜

原料准备

鲤鱼块········450克
莲藕··········140克
金华火腿······35克
水发赤小豆···80克
葛根··········15克
水发干贝······30克
姜片··········少许

调料

盐··············3克
料酒··········6毫升
食用油·········适量

制作方法

1 将去皮洗净的莲藕切开，再切大块；备好的金华火腿切片。

2 把鱼块放入碗中，加入少许盐、料酒，拌匀，腌渍约10分钟，去除腥味，待用。

3 用油起锅，撒上姜片，爆香，倒入腌渍好的鱼块，煎出香味。

4 注入适量清水，大火略煮，倒入藕块、火腿片、葛根、赤小豆、干贝，搅散、拌匀。

5 盖上盖，烧开后转小火煮约120分钟，至食材熟透。

6 揭盖，加入少许盐，拌匀调味，略煮一小会儿，至汤汁入味即可。

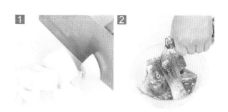

煲·功·秘·诀

如果图方便，莲藕可以不焯水；煲煮此汤时，加入生姜可去除鱼的腥味，使汤口味更佳。

马蹄木耳煲带鱼

烹饪时间：27分钟　口味：鲜

原料准备

马蹄肉……100克
水发木耳…30克
带鱼………110克
姜片…………少许
葱花…………少许

调料

盐……………2克
鸡粉…………2克
料酒、胡椒粉、
食用油…各适量

制作方法

1　将马蹄肉切成小块；洗好的木耳切成小块；洗净的带鱼切成小块。

2　煎锅注油烧热，放入带鱼块，煎出香味，翻面，煎至焦黄色，盛出，装入盘中，待用。

3　砂锅中注水烧开，倒入马蹄肉、木耳，烧开后用小火炖15分钟至熟；放入姜片，淋入适量料酒，放入带鱼，加入盐，用小火炖10分钟。

4　加入适量鸡粉、胡椒粉，用勺搅拌均匀，盛入碗中，撒上葱花即成。

陈皮红豆鲤鱼汤

烹饪时间：27分30秒　口味：鲜

原料准备

鲤鱼肉·······350克

红豆···········60克

姜片、葱段、

陈皮········各少许

调料

盐、鸡粉···各2克

料酒··········4毫升

食用油········适量

制作方法

1 用油起锅，放入鲤鱼肉，煎至两面断生，撒上姜片。

2 注入适量开水，倒入洗净的红豆，撒上葱段，淋入适量料酒，放入洗净的陈皮，搅拌匀。

3 盖上锅盖，烧开后用小火煮约25分钟，至食材熟透。

4 揭盖，撇去浮沫，加入少许盐、鸡粉，拌匀，略煮片刻至食材入味即成。

煲·功·秘·诀

　　鲤鱼先切上花刀再煮，这样肉质会更入味；红豆可用温水泡约1小时，能节省烹饪时间。

薏米鳝鱼汤

烹饪时间：36分钟　口味：鲜

原料准备 ✎

鳝鱼·········120克
水发薏米···65克
姜片··········少许

调料

盐、鸡粉···各3克
料酒··········3毫升

制作方法 🍚

1 将处理干净的鳝鱼切成小块。

2 把鳝鱼装入碗中，加少许盐、鸡粉、料酒，抓匀，腌渍10分钟至入味。

3 汤锅中注水烧开，放入洗好的薏米，盖上盖，烧开后用小火煮20分钟，至薏米熟软。

4 揭盖，放入鳝鱼，搅匀，再加入少许姜片。

5 盖上盖，用小火续煮15分钟，至食材熟烂。

6 揭盖，放入盐、鸡粉，拌匀调味。

7 盛出煮好的汤料，装入碗中即可。

🍲 **煲·功·秘·诀**

可以用适量面粉搓洗鳝鱼，以去除其表面的黏性液质，这样就不会影响汤汁的口感。

西红柿生鱼豆腐汤

烹饪时间：5分钟　　口味：鲜

原料准备 🌿

生鱼块··········500克

西红柿··········100克

豆腐············100克

姜片、葱花···各少许

调料

盐、鸡粉·······各3克

料酒···········10毫升

胡椒粉··········少许

食用油··········适量

制作方法 🍚

1 洗净的豆腐切条，改切成块；洗好的西红柿切成瓣。

2 用油起锅，放入姜片、生鱼块，煎出香味。

3 加入料酒，倒入适量开水，加盐、鸡粉搅匀，倒入西红柿、豆腐，拌匀，煮3分钟至入味。

4 放入胡椒粉，拌匀，盛出煮好的汤料，撒入葱花即可。

> 🍲 煲·功·秘·诀 ⌃
>
> 处理生鱼时，可以用盐搓洗鱼身，这样有利于去除黏液。

煲·功·秘·诀

炖煮此汤时宜用小火慢炖，这样才能更好地析出甲鱼的营养。

原料准备

甲鱼块·······700克

山药··········130克

姜片···········45克

枸杞···········20克

调料

盐、鸡粉···各2克

料酒·········20毫升

制作方法

1　洗净去皮的山药切块，改切成片。

2　锅中注水烧开，倒入甲鱼块，加入料酒，搅拌匀，余去血水，捞出，沥干水分，备用。

3　砂锅中注水烧开，放入枸杞、姜片，倒入甲鱼块，加入料酒，烧开后用小火炖20分钟。

4　放入山药，搅拌几下，用小火再炖10分钟，至全部食材熟透，放入少许盐、鸡粉，用锅勺拌匀调味即可。

烹饪时间：31分钟　口味：鲜

山药甲鱼汤

红杉鱼西红柿汤

烹饪时间：6分钟　　口味：鲜

原料准备

红杉鱼…………190克
西红柿…………160克
姜片、葱花…各少许

调料

盐、鸡粉………各2克
料酒……………适量
食用油…………适量

制作方法

1 将洗净的西红柿对半切开，去蒂，再切成
  小块，装盘，待用。

2 锅中倒入适量食用油，放入姜片，爆香。

3 放入处理好的红杉鱼，煎半分钟，至散出
  香味。

4 将红杉鱼翻面，继续煎至其呈焦黄色，淋
  入少许料酒，注入适量清水，煮至汤汁呈
  奶白色。

5 加入适量盐、鸡粉，倒入西红柿，搅匀，
  用中火续煮3分钟，至食材熟透。

6 撒入葱花，搅拌均匀，关火，将煮好的汤
  料盛出，装入碗中即可。

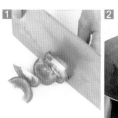

煲·功·秘·诀

煎红杉鱼时，可不时晃动锅，使其受热均匀，避免煎
煳，影响成品口感。

三文鱼豆腐汤

烹饪时间：5分钟　　口味：鲜

原料准备 ✎

三文鱼·······100克
豆腐··········240克
莴笋叶·······100克
姜片、
葱花··········各少许

调料

盐、鸡粉···各3克
水淀粉·······3毫升
胡椒粉·········适量
食用油·········适量

制作方法 🍲

1 洗净的莴笋叶切段；洗好的豆腐切成小方块。

2 三文鱼切片，加盐、鸡粉、水淀粉、食用油拌匀腌渍。

3 锅中注水烧开，倒入食用油、盐、鸡粉、豆腐块，搅匀。

4 放入胡椒粉、姜片、莴笋叶、三文鱼，煮至入味，盛出，放上葱花即可。

煲·功·秘·诀

三文鱼加热后易碎，因此放入三文鱼之后要轻轻搅动。

明虾蔬菜汤

烹饪时间：7分钟　口味：鲜

原料准备

明虾…………30克

西红柿……100克

西蓝花……130克

洋葱…………60克

姜片…………少许

调料

盐、鸡粉…各1克

橄榄油………适量

制作方法

1 洋葱切小块；西红柿去蒂，切小瓣；西蓝花切小块。

2 锅置火上，放入橄榄油、姜片、洋葱、炒匀。

3 加入西红柿，倒入清水、明虾，拌匀，煮至熟透。

4 倒入切好的西蓝花，拌匀，加入盐、鸡粉，拌匀，稍煮片刻至入味即可。

煲·功·秘·诀

西红柿可去皮，口感会更好；事先将明虾背上的虾线去除，可保证其清甜的味道。

黄豆蛤蜊豆腐汤

烹饪时间：30分钟　　口味：鲜

原料准备 ✎

水发黄豆·· 95克

豆腐·······200克

蛤蜊·······200克

姜片、

葱花······各少许

调料

盐·····················2克

鸡粉、胡椒粉...各适量

制作方法 🍚

1　洗净的豆腐切成条，再切成小方块。

2　将蛤蜊打开，洗净，备用。

3　锅中注入适量清水烧开，倒入洗净的黄豆，
　　盖上盖，用小火煮20分钟，至其熟软。

4　揭开盖，倒入豆腐、蛤蜊，放入姜片，加
　　入适量盐、鸡粉，搅匀调味。

5　盖上盖，用小火再煮8分钟，至食材熟透。

6　揭开盖，撒入胡椒粉，搅拌均匀。

7　盛出煮好的汤料，装入碗中，撒上备好的
　　葱花即可。

> 🍲 煲·功·秘·诀
>
> 　　清洗蛤蜊时，可将其放在水龙头下冲洗，这样能更有效
> 地清除泥沙。

白玉菇花蛤汤

烹饪时间：4分钟　　口味：鲜

原料准备 🖋

白玉菇………90克

花蛤………260克

荷兰豆………70克

胡萝卜………40克

姜片、

葱花………各少许

调料

盐、鸡粉…各2克

食用油………适量

制作方法 🍚

1 白玉菇切段；洗净去皮的胡萝卜切上花刀，改切成片。

2 将花蛤逐一切开，放入碗中，用清水清洗干净。

3 锅中注水烧开，倒入姜片、花蛤、白玉菇拌匀，煮熟。

4 揭开盖子，放入盐、鸡粉、食用油、胡萝卜片、荷兰豆，拌匀，煮至熟软，盛出撒上葱花即可。

煲·功·秘·诀

花蛤买回后可放在清水中，加入少许盐养一晚上，这样可让花蛤吐尽泥沙。

煲·功·秘·诀

冬瓜不易煮熟，所以要先放入锅中，多煮一会儿。

原料准备

猪肉末…………100克
蛤蜊…………100克
冬瓜…………200克
水发粉丝……100克
姜片、葱花…各少许

调料

盐、鸡粉……各3克
胡椒粉…………少许
食用油…………适量
水淀粉…………适量

制作方法

1　洗净去皮的冬瓜切片；发好的粉丝切段；将肉末装入碗中，放盐、鸡粉，拌匀，搅至起浆，加入适量水淀粉，搅拌匀。

2　锅中注入适量清水烧热，将肉末制成肉丸子放入锅中，煮1分钟至熟，捞出，待用。

3　将冬瓜倒入沸水锅中，放盐、鸡粉，搅匀，倒入蛤蜊肉，盖上盖，煮沸，再煮2分钟。

4　揭开盖子，放姜片，加入适量食用油，搅拌几下，倒入肉丸子煮沸，放少许胡椒粉，放入粉丝，再次煮沸，盛出，撒上葱花即可。

烹饪时间：4分钟　口味：鲜

蛤蜊冬瓜丸子汤

枸杞胡萝卜蚝肉汤

烹饪时间：6分钟　　口味：鲜

原料准备 🌽

枸杞叶……60克

生蚝肉……300克

胡萝卜……90克

姜片………少许

调料

盐……………3克

鸡粉…………2克

胡椒粉……少许

料酒………5毫升

食用油……适量

制作方法 🍚

1 将洗净去皮的胡萝卜切开，用斜刀切成段，改切成薄片。

2 把洗净的生蚝肉装入碗中，加入少许鸡粉、盐、料酒，拌匀，静置约10分钟，去除腥味。

3 锅中注入适量清水烧开，倒入腌渍好的生蚝肉，煮一小会儿，捞出沥干水分，待用。

4 另起锅，注水烧开，撒上姜片，放入胡萝卜片，淋入少许食用油，倒入生蚝肉，加入料酒、盐、鸡粉，用小火煮约4分钟，至食材熟软。

5 取下盖子，放入洗净的枸杞叶，搅拌至全部食材熟透。

6 撒上少许胡椒粉，搅匀，续煮片刻，至食材入味即成。

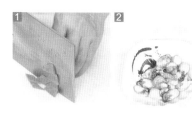

🍲 煲·功·秘·诀

腌渍生蚝肉前可在其上切几处花刀，会使其更容易入味。

煲·功·秘·诀

放入豆腐后，搅拌的动作要轻一些，以免将豆腐弄碎了。

生蚝豆腐汤

烹饪时间：3分钟　口味：鲜

原料准备

豆腐············200克
生蚝肉········120克
鲜香菇··········40克
姜片、葱花··各少许

调料

盐·················3克
鸡粉··············少许
胡椒粉··········少许
料酒··········4毫升
食用油··········适量

制作方法

1　将洗净的香菇切成粗丝；洗好的豆腐切开，再切成小方块。

2　锅中注水烧开，加入少许盐，再放入豆腐块，煮约半分钟，捞出；再倒入生蚝肉，拌煮片刻至其断生，捞出，沥干水分，待用。

3　用油起锅，放入姜片、香菇丝，生蚝肉、料酒，炒香、炒透，注入约600毫升清水，用大火煮至汤汁沸腾。

4　倒入豆腐块，加入盐、鸡粉，待汤汁沸腾时撒上少许胡椒粉，续煮片刻至全部食材入味，盛出撒上葱花即成。

玉米须生蚝汤

烹饪时间：12分钟　口味：鲜

原料准备 ✎

生蚝肉·······200克
玉米须········20克
姜片、
葱花········各少许

调料

盐、鸡粉···各2克
胡椒粉········适量
食用油········适量

制作方法 🍵

1　锅中注水烧开，倒入姜片、食用油、盐、鸡粉拌匀。

2　再倒入洗净的玉米须，搅动几下，倒入处理干净的生蚝肉，搅拌匀。

3　盖上盖，烧开后转中火煮10分钟，至食材熟透。

4　取下盖子，撒上少许胡椒粉，搅拌匀，续煮一会儿，至汤汁入味，盛出撒上葱花即可。

> 🍲 煲·功·秘·诀
>
> 玉米须可以放入冷水中浸泡后再烹煮，能更好地析出药性；生蚝汆煮好后可以切上花刀，这样生蚝肉会更易入味。

杏鲍菇黄豆芽蛏子汤

烹饪时间：3分钟　　口味：鲜

原料准备

杏鲍菇⋯⋯⋯⋯100克

黄豆芽⋯⋯⋯⋯90克

蛏子⋯⋯⋯⋯⋯400克

姜片、葱花⋯各少许

调料

盐⋯⋯⋯⋯⋯⋯⋯3克

鸡粉⋯⋯⋯⋯⋯⋯2克

食用油⋯⋯⋯⋯适量

制作方法

1 洗净的杏鲍菇对半切开，切成段，再切成片，备用。

2 用油起锅，放入姜片，爆香；加入洗净的黄豆芽，翻炒匀。

3 倒入切好的杏鲍菇，略炒片刻。

4 锅中倒入适量清水，煮至沸腾。

5 放入处理好的蛏子，拌匀，煮一会儿，加入适量盐、鸡粉，拌匀调味。

6 用中火煮2分钟。

7 把煮好的汤料盛出，装入汤碗中，撒上葱花即可。

煲·功·秘·诀

煮制此汤时，可先将蛏子氽煮一下去除杂质，这样成品口感更佳。

生蚝口蘑紫菜汤

烹饪时间：22分钟　　口味：鲜

原料准备 🍃

生蚝肉……100克

紫菜…………5克

口蘑…………30克

姜片…………少许

调料

盐、鸡粉…各1克

料酒…………少许

制作方法 🍲

1　砂锅中注入适量清水烧开，放入洗净的生蚝。

2　倒入切好的口蘑，加入紫菜、姜片。

3　盖上盖，用大火煮开后转小火续煮20分钟，至食材熟透。

4　揭盖，加入料酒、盐、鸡粉，拌匀即可。

🍲 煲·功·秘·诀

生蚝可以先汆一下水，这样能减轻其腥味。

淡菜萝卜豆腐汤

原料准备 🌿

豆腐..........200克

白萝卜.......180克

水发淡菜...100克

香菜、枸杞、

姜丝.........各少许

调料

盐、鸡粉...各2克

料酒..........4毫升

食用油.........少许

制作方法 🍚

1　白萝卜切成小丁块；豆腐切小方块；香菜切小段。

2　砂锅中注水烧开，倒入淡菜、萝卜块、姜丝、料酒，拌匀，煮至萝卜七八成熟。

3　放入枸杞、豆腐块、盐、鸡粉，拌匀调味。

4　盖上盖，煮至食材熟透；揭盖，淋入食用油，搅拌匀，续煮一会儿，盛出点缀切好的香菜即成。

🍲 煲·功·秘·诀

　　豆腐易碎，烹煮时不宜多搅拌；调味时转用大火，既可缩短烹饪时间，又能使汤汁更易入味。

淡菜冬瓜汤

烹饪时间：2分钟　　口味：清淡

原料准备 🌾

水发淡菜…70克

冬瓜……… 400克

姜片………少许

葱花………少许

调料

盐、鸡粉各…2克

料酒………8毫升

胡椒粉、

食用油…… 各适量

制作方法 🍲

1 洗净去皮的冬瓜切片。

2 用油起锅，倒入姜片，爆香，放入淡菜，
  翻炒片刻。

3 倒入冬瓜，快速翻炒均匀。

4 淋入料酒，翻炒提味。

5 加入适量的清水，盖上盖子，至沸腾。

6 掀开盖，放入盐、鸡粉、胡椒粉，调至味
  道均匀。

7 盛出装入碗中，撒上葱花即可。

🍲 **煲·功·秘·诀** ⌃

淡菜要完全泡发再烹煮，煮出来的汤口感会更好。冬瓜
不要片得太厚，不容易熟。

煲·功·秘·诀

花蟹可先用料酒腌渍一会儿，这样可减轻汤汁的腥味。

干贝花蟹白菜汤

烹饪时间：4分30秒　口味：鲜

原料准备

花蟹块……150克
水发干贝…25克
白菜………65克
姜片………少许
葱花………少许

调料

盐…………少许
鸡粉………少许

制作方法

1 将洗净的白菜切段；洗好的干贝碾成碎末。

2 锅中注入适量清水烧热，倒入备好的花蟹块，撒上干贝末，放入姜片，用大火煮约3分钟。

3 放入切好的白菜，拌匀，撇去浮沫。

4 加入少许盐、鸡粉，拌匀，再煮一会儿至食材熟透；盛出装入碗中，撒上葱花即成。

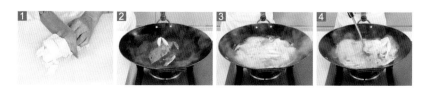

花蟹冬瓜汤

烹饪时间：4分30秒　口味：鲜

原料准备

花蟹············2只
冬瓜········400克
姜片、
葱花······各少许

调料

盐············3克
鸡粉············2克
胡椒粉········1克
食用油······适量

制作方法

1 洗净的冬瓜去皮、去籽，切成片。

2 将处理干净的花蟹切开，去掉鳃，改切成小块，备用。

3 锅中注水烧开，倒入食用油、冬瓜、花蟹、姜片，拌匀，煮约3分钟至食材熟透。

4 加入盐、鸡粉、胡椒粉，用锅勺拌匀调味；盛出，装入碗中，再撒上少许葱花即可。

煲·功·秘·诀

冬瓜最好切得厚薄均匀，以免影响口感；煮制此汤时，可以多放点姜片，这样可以驱寒杀菌。

养生滋补药膳汤

将中药材与食物搭配，加入调味料，制成色、香、味、形俱佳的药膳汤，因其膳中有药，故兼具营养保健、防病治病的多重功效。

黄芪飘香猪骨汤

烹饪时间：62分钟　　口味：鲜

原料准备 ✎

猪骨⋯⋯⋯400克
黄芪、酸枣仁、
枸杞⋯⋯各10克

调料

盐⋯⋯⋯⋯2克
鸡粉⋯⋯⋯2克
料酒⋯⋯⋯8毫升

制作方法 🎩

1 锅中注入清水烧开，淋入料酒，倒入洗净的猪骨，煮沸，氽去血水，捞出，沥干水分。

2 砂锅中注入适量清水烧开，倒入氽过水的猪骨。

3 放入洗好的黄芪、酸枣仁、枸杞，淋入少许料酒。

4 炖1小时，至食材熟透，放入盐、鸡粉，拌匀即可。

┏━ 煲·功·秘·诀 ━
煮汤时可将表面一层的油撇去，这样汤的口感更佳。

煲·功·秘·诀

瘦肉切丁后用少许水淀粉拌匀上浆，煮汤时能保有其鲜味。

原料准备 ✎

猪瘦肉········100克

夏枯草··········10克

枸杞··············10克

调料

盐、鸡粉...各少许

制作方法 🍚

1 将洗净的瘦肉切条形，改切成丁，装入碗中。

2 砂锅中注入清水烧开，放入洗净的夏枯草，拌匀，煮约15分钟，至其析出有效成分，捞出药材与杂质。

3 再倒入洗净的枸杞，放入瘦肉丁，拌匀，煮约20分钟，至食材熟透。

4 加入少许盐、鸡粉调味，续煮一会儿，使调料溶于汤汁中，盛出煮好的瘦肉汤，装入碗中即成。

夏枯草瘦肉汤

烹饪时间：36分钟　口味：鲜

天麻黄豆猪骨汤

烹饪时间：32分钟　　口味：鲜

原料准备 🌿

天麻⋯⋯⋯⋯⋯ 5克

水发黄豆⋯100克

姜片⋯⋯⋯⋯⋯ 20克

猪筒骨⋯⋯⋯400克

葱花⋯⋯⋯⋯⋯少许

调料

料酒⋯⋯⋯⋯10毫升

盐⋯⋯⋯⋯⋯⋯⋯ 3克

鸡粉⋯⋯⋯⋯⋯ 2克

制作方法 🍲

1 锅中注入清水烧开，倒入猪筒骨，散开，
  煮沸，汆去血水，捞出，沥干水分。

2 砂锅中注入适量清水烧开，放入汆过水的
  猪筒骨。

3 加入天麻、姜片，倒入洗好的黄豆。

4 淋入适量料酒。

5 盖上盖，烧开后用小火炖30分钟，至食材
  熟透。

6 揭开盖，放入适量盐、鸡粉，搅匀，将炖
  煮好的猪骨汤盛出，装入汤碗中，撒上葱
  花即成。

🍲 煲·功·秘·诀

猪骨汤本来味道就很鲜美，可以少放些调味品，以免盖
过猪骨的鲜味。

煲·功·秘·诀

山药丁最好切得大一些，这样成品的口感不会太绵软。

党参麦冬瘦肉汤

烹饪时间：62分钟　口味：鲜

原料准备

猪瘦肉........350克
山药..........200克
党参..........15克
麦门冬.........10克

调料

盐、鸡粉...各少许

制作方法

1 将洗净的猪瘦肉切丁；洗净去皮的山药切丁。

2 砂锅中注入清水烧开，倒入洗净的党参、麦门冬。

3 放入瘦肉丁，撒上切好的山药，拌匀，炖煮约60分钟，至食材熟透。

4 加入盐、鸡粉调味，拌匀，续煮一会儿，至汤汁入味，盛出煮好的瘦肉汤，装入汤碗中即可。

土茯苓核桃瘦肉汤

烹饪时间：42分钟　口味：鲜

原料准备

土茯苓………25克
核桃仁………20克
猪瘦肉……100克
姜片…………少许

调料

盐、鸡粉…各2克
料酒…………4毫升

制作方法

1　将洗净的猪瘦肉切成条，再切成丁，放在小碟子中。

2　砂锅中注入清水烧开，放入洗净的土茯苓，撒上备好的核桃仁。

3　再倒入瘦肉丁，放入姜片、料酒，搅匀，炖约40分钟，至食材熟透。

4　加入鸡粉、盐，搅匀，续煮片刻至食材入味即成。

煲·功·秘·诀

猪瘦肉丁要切得稍微大一些，口感会更佳；核桃仁可稍微掰碎。

虫草香菇排骨汤

烹饪时间：125分钟　　口味：鲜

原料准备

排骨·········300克
水发香菇·····10克
冬虫夏草·····10克
红枣············8克

调料

盐、鸡粉···各2克
料酒·········10毫升

制作方法

1 锅中注入清水烧开，放入排骨、料酒，拌匀，煮一会儿，汆去血水，捞出，装入盘中。

2 砂锅置火上，倒入备好的排骨、红枣、冬虫夏草，注入适量清水。

3 淋入料酒，拌匀。

4 用大火煮开后倒入香菇，拌匀。

5 盖上盖，煮开后转小火煮约2小时至食材熟透。

6 揭盖，加入盐、鸡粉，拌匀。

7 盛出煮好的汤料，装入碗中，待稍微放凉后即可食用。

煲·功·秘·诀

煲汤时，可以放入少许姜片一起煮制，这样有助于去除排骨的腥味。

杜仲黑豆排骨汤

烹饪时间：65分钟　　口味：鲜

原料准备 🥬

排骨 ………… 600克

杜仲 ………… 10克

水发黑豆 … 100克

姜片、

葱花 ……… 各少许

调料

盐、鸡粉 … 各2克

料酒 ………… 5毫升

制作方法 🍳

1 锅中注水烧开，倒入排骨，煮沸后撇去浮沫，捞出排骨备用。

2 砂锅中注水烧开，放入杜仲、姜片、黑豆、排骨，搅拌匀。

3 淋入料酒，盖上盖，烧开后用小火炖1小时。

4 放入少许盐、鸡粉，拌匀调味，盛入汤碗中，撒上葱花即可。

> **煲·功·秘·诀**
>
> 黑豆比较难煮熟，可提前用清水浸泡1小时，这样可节省烹饪时间。

当归山药排骨汤

原料准备

排骨段............300克

山药................200克

当归..................8克

姜片、枸杞...各少许

调料

盐、鸡粉.........各2克

料酒................5毫升

制作方法

1　将洗净去皮的山药切开，再切成块。

2　锅中注入清水烧开，倒入洗净的排骨段，淋入料酒，拌匀，煮约半分钟，去除杂质，捞出，沥干水分。

3　砂锅中注入清水烧开，倒入排骨段、当归、姜片、枸杞、山药块，拌匀，煮约30分钟，至食材熟透。

4　加入盐、鸡粉，拌匀，续煮片刻，至汤汁入味即成。

煲·功·秘·诀

山药切好后用少许醋水清洗，能去除其表面的黏液，也能防止山药氧化变黑。

西洋参瘦肉汤

烹饪时间：22分钟　　口味：鲜

原料准备 ✎

猪瘦肉……90克

西洋参………6克

枸杞…………少许

调料

盐、

鸡粉……各少许

料酒………4毫升

制作方法 🍲

1 将洗净的猪瘦肉切片，再切条形，改切成肉丁。

2 砂锅中注水烧开，放入西洋参、肉丁，淋入料酒提鲜。

3 盖上盖，煮沸后转小火炖煮约20分钟，至食材熟软。

4 揭开盖，加入盐、鸡粉，拌匀，续煮至汤汁入味，盛出装碗，撒上枸杞即成。

🍲 煲·功·秘·诀

西洋参可用隔渣袋包好后再煮，可避免煮汤时有残渣。

煲·功·秘·诀

肉片最好切得薄一些，这样不仅腌渍时更易入味，而且还能缩短煮熟的时间。

原料准备 🌿

猪瘦肉………120克
水发猴头菇…90克
巴戟天…………10克
姜片……………少许

调料

盐………………3克
鸡粉……………2克
水淀粉、
食用油……各适量

制作方法 🍲

1 将洗净的猴头菇切开，再切成小片；洗净的瘦肉切成片。

2 把肉片装入小碗中，加入盐、鸡粉、水淀粉、食用油，拌匀，腌渍约10分钟，至其入味。

3 砂锅中注入清水烧开，放入巴戟天、姜片、猴头菇，煮约15分钟，至食材熟软。

4 倒入瘦肉，拌匀，续煮约5分钟，至食材熟透，撇去浮沫，加入盐、鸡粉，拌匀，续煮片刻，至汤汁入味，盛出煮好的瘦肉汤即成。

烹饪时间：35分钟　口味：鲜

巴戟天猴头菇瘦肉汤

党参猪肚汤

烹饪时间: 61分钟　　口味: 鲜

原料准备 ✎

猪肚块·········· 400克

淮山··············· 30克

姜片··············· 20克

党参、红枣··· 各15克

调料

盐······················· 2克

鸡粉、胡椒粉··· 各少许

料酒··············· 12毫升

制作方法 🍳

1. 锅中注入适量清水烧开，倒入洗净的猪肚块，搅拌匀，加入少许料酒。

2. 拌煮一会儿，汆去血渍，捞出煮好的猪肚，沥干水分，待用。

3. 砂锅中注入适量清水烧开，倒入汆过水的猪肚块。

4. 再放入备好的姜片，加入洗净的淮山、党参、红枣，淋上少许料酒提味。

5. 盖上盖，烧开后用小火煮约60分钟，至食材熟透。

6. 揭盖，加入鸡粉、盐、胡椒粉，拌匀，续煮片刻，至汤汁入味，盛出煮好的猪肚汤，装入碗中即成。

 煲·功·秘·诀

汆煮猪肚时加入少许白醋，能有效地去除其腥味，煲出来的汤味道会更好。

砂仁黄芪猪肚汤

烹饪时间：61分钟　　口味：鲜

原料准备 🌿

砂仁…………20克

黄芪…………15克

姜片…………25克

猪肚…………350克

水发银耳…100 克

调料

盐………………3克

鸡粉…………3克

料酒………20毫升

制作方法 🍲

1 洗净的银耳切成小块，洗好的猪肚切块，改切成条。

2 锅中注入清水烧开，放入银耳，煮约半分钟，捞出。

3 把猪肚倒入锅中，放入料酒，拌匀，煮至变色，捞出。

4 砂锅中注入清水烧开，放入砂仁、姜片、黄芪。

5 放入银耳、猪肚，加少许料酒，炖1小时，至食材熟透。

6 加入盐、鸡粉拌匀，煮片刻至食材入味，把炖煮好的汤料盛出，装入碗中即可。

煲·功·秘·诀

取少量的醋和食盐，擦搓猪肚，可以去除臊味；猪肚可以用小火炖久一些，这样更易入味。

煲·功·秘·诀

煲汤时淋入的白酒不宜太多，以免破坏了人参的
药用成分。

人参猪蹄汤

烹饪时间：62分钟　口味：鲜

原料准备 ✎

猪蹄块……300克
姜片…………30克
红枣…………20克
枸杞…………10克
人参片………10克

调料

盐、鸡粉…各2克
白酒………10毫升

制作方法 🍲

1 锅中注入清水烧开，倒入洗净的猪蹄块。

2 淋入白酒，拌匀，略煮一会儿，去除腥味，捞
出煮好的猪蹄，沥干水分。

3 砂锅中注入清水烧开，加入姜片、猪蹄、红
枣、枸杞、人参片、白酒，拌匀，煮约60分钟，
至食材熟透。

4 揭盖，加入盐、鸡粉，拌匀，煮至汤汁入味即成。

丹参猪肝汤

烹饪时间：17分钟　口味：清淡

原料准备

丹参············ 15克
猪肝·········· 120克
上海青········· 90克

调料

盐、鸡粉··· 各3克
水淀粉······· 4毫升
食用油········ 适量
料酒·········· 2毫升

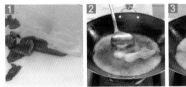

制作方法

1 猪肝切片装碗，放盐、鸡粉、料酒、水淀粉腌渍。

2 锅中注入清水烧开，加入食用油、上海青，煮半分钟，将上海青捞出，沥干水分，装入汤碗中。

3 将丹参倒入煮沸的锅中，煮15分钟，将药渣捞出。

4 加入盐、鸡粉、猪肝，搅至转色，盛出装入汤碗即可。

 煲·功·秘·诀

猪肝不要煮久，以免煮老。

柏子仁猪心汤

烹饪时间: 22分钟　　口味: 鲜

原料准备

猪心………100克

柏子仁………8克

姜片、

葱花………各少许

调料

盐、鸡粉…各2克

胡椒粉………少许

料酒………6毫升

制作方法

1 将洗净的猪心切片。

2 猪心片，汆去血水，捞出。

3 砂锅中注入清水烧开，倒入猪心片、柏子仁、姜片、料酒，拌匀，煲煮约20分钟，至食材熟透。

4 加盐、鸡粉、胡椒粉，煮至入味，盛出撒上葱花即成。

煲·功·秘·诀

猪心的表面黏液较多，清洗时最好加入少许白醋，这样切片时才不易滑刀。

煲·功·秘·诀

煮牛肉时可以加入少许陈皮，不仅能加速牛肉熟烂，口感也更好。

原料准备 🌿

无花果……20克

牛肉………100克

姜片、枸杞、

葱花……各少许

调料

盐……………2克

鸡粉…………2克

制作方法 🍲

1 将洗净的牛肉切条，改切成丁，装入碟中。

2 汤锅中注入清水烧开，倒入牛肉，搅匀，煮沸，用勺捞去锅中的浮沫。

3 倒入洗好的无花果、枸杞，放入姜片，拌匀，煮40分钟，至食材熟透。

4 放入盐、鸡粉，用勺搅匀调味，把煮好的汤料盛出，装入碗中，撒上葱花即可。

烹饪时间：42分钟　口味：鲜

无花果牛肉汤

阿胶牛肉汤

烹饪时间：42分钟　　口味：鲜

原料准备 🌾

阿胶…………8克
姜片………25克
牛肉………150克

调料

米酒……15毫升
盐……………2克

制作方法 🍲

1 洗净的牛肉切成片。

2 锅中注入清水烧开，倒入牛肉，煮沸，汆去血水，捞出，沥干水分，装入盘中。

3 砂锅中注入适量清水烧开，倒入牛肉片。

4 放入姜片，淋入适量米酒。

5 盖上盖，用小火煮40分钟，至食材熟透。

6 揭开盖子，放入阿胶、姜片、盐，拌匀。

7 盛出锅中食材，装入碗中即可。

煲·功·秘·诀

牛肉一定要煮熟透，否则不易咀嚼，也影响消化，可以把牛肉切薄一些。

煲·功·秘·诀

牛肚比较厚，炖煮的时间要久一些，可多加一些水，避免汤料炖干。

牛肚枳实砂仁汤

烹饪时间：61分钟　口味：鲜

原料准备

牛肚·········200克
姜片·········15克
枳实·········7克
砂仁·········5克

调料

盐、鸡粉···各2克
胡椒粉·······少许
料酒·········8毫升

制作方法

1 处理干净的牛肚切条，备用。

2 砂锅中注入适量清水烧开，放入姜片，加入洗净的枳实、砂仁。

3 倒入切好的牛肚，淋入料酒，拌匀，炖1小时，至食材熟透。

4 放入鸡粉、盐、胡椒粉，用勺子拌匀调味即可。

黄芪鸡汤

原料准备

鸡肉块····550克

陈皮、黄芪、

桂皮·······各适量

姜片、

葱段·······各少许

调料

盐··············2克

鸡粉··········适量

料酒········7毫升

制作方法

1 锅中注入清水烧开，放入洗净的鸡肉块，氽煮一会儿，淋上料酒，去除血渍，捞出，沥干水分。

2 砂锅中注入适量清水烧热，放入黄芪，撒上姜片、葱段。

3 倒入洗净的桂皮、陈皮，放入鸡肉块，淋入料酒，煮约55分钟，至食材熟透。

4 加入盐、鸡粉，拌匀，煮至汤汁入味即可。

煲·功·秘·诀

鸡肉块可切得小块一些，这样氽水时更易去除血渍，也更易煮熟，更加入味。

 煲·功·秘·诀

给鸡肉氽水时可以加点料酒，能使鸡汤更鲜美。

西洋参麦冬鲜鸡汤

烹饪时间：62分钟　口味：鲜

原料准备

鸡肉........400克
麦冬........20克
西洋参......10克
姜片........少许

调料

盐............3克

制作方法

1 锅中注入清水烧开，倒入鸡肉，氽煮片刻去除血沫。

2 将鸡肉捞出，沥干水分待用。

3 砂锅中注入清水烧开，倒入鸡肉、麦冬、西洋参、姜片，搅拌片刻。

4 煮1个小时至熟软，加入盐，搅拌片刻，将煮好的汤盛出装入碗中即可。

滋补人参鸡汤

烹饪时间：62分钟　口味：鲜

原料准备

山鸡块……350克
红枣…………20克
姜片…………15克
人参片、
黄芪……各10克

调料

盐、
鸡粉……各少许
料酒………7毫升

制作方法

1 锅中注入清水烧热，倒入山鸡块，拌匀，煮一会儿，氽去血水，捞出煮好的材料，沥干水分。

2 砂锅中注入清水烧开，倒入山鸡块、姜片，拌匀。

3 放入红枣、人参片、黄芪、料酒，拌匀，煮约60分钟，至食材熟透。

4 加入盐、鸡粉，拌匀，煮一会儿，至汤汁入味即可。

 煲·功·秘·诀

氽煮山鸡块时放入适量白酒，能保留鸡肉的鲜美味道。

当归玫瑰土鸡汤

烹饪时间：42分钟　　口味：鲜

原料准备

当归·········10克
玫瑰花········8克
桂圆肉······20克
姜片·········20克
鸡胸肉····350克

调料

盐、鸡粉各···3克
料酒········10毫升

制作方法

1 洗净的鸡胸肉切块，再切成片。

2 锅中注入清水烧开，放入鸡肉片，搅散，煮至沸，氽去血水，捞出，沥干水分。

3 砂锅中注入清水烧开，放入当归、玫瑰花、桂圆肉，拌匀。

4 倒入鸡肉片、姜片、料酒，拌匀。

5 盖上盖，烧开后用小火煮40分钟，至食材熟透。

6 揭开盖，放入盐、鸡粉，拌匀，煮片刻，至食材入味，盛出煮好的汤料，装入碗中即可。

煲·功·秘·诀

盐应在出锅前加，过早放盐会使鸡肉的蛋白质凝固，影响其口感。

夏枯草鸡肉汤

烹饪时间：143分钟　　口味：鲜

原料准备

鸡腿肉····300克

夏枯草·······3克

生地···········5克

密蒙花·······5克

姜片、

葱段······各少许

调料

盐···············2克

鸡粉···········2克

料酒···········8克

制作方法

1. 砂锅中注入清水烧热，倒入生地、密蒙花、夏枯草，拌匀。

2. 盖上锅盖，煮20分钟至药材析出有效成分。

3. 揭开锅盖，将药材捞干净。

4. 倒入备好的鸡腿肉、姜片、葱段，淋入少许料酒。

5. 煮2小时至食材熟软，撇去浮沫。

6. 加入盐、鸡粉，搅匀调味。

7. 将煮好的汤料盛出，装入碗中即可。

煲·功·秘·诀

　　鸡肉可先氽一下水，这样汤汁会更清澈；夏枯草可先用清水冲水一遍，去除杂质。

茯苓胡萝卜鸡汤

烹饪时间：63分钟　　口味：鲜

原料准备 🌿

鸡肉块····500克
胡萝卜····100克
茯苓·········25克
姜片、
葱段······各少许

调料

盐、鸡粉...各2克
料酒·······16毫升

制作方法 🍲

1 洗净去皮的胡萝卜切开，再切条，改切成小块。

2 锅中注入清水烧开，倒入鸡肉块、料酒，搅匀，余去血水，捞出，装入盘中。

3 砂锅中注入清水烧开，放入姜片、葱段、茯苓，拌匀。

4 倒入鸡肉块、胡萝卜块，拌匀。

5 加入料酒，拌匀，炖煮1小时至食材熟透。

6 加入盐、鸡粉，拌匀。

7 盛出煮好的汤料，装入碗中即可。

🍲 煲·功·秘·诀

清洗胡萝卜时，最好不要去蒂清洗，以免残留的农药进入果实内部。

无花果茶树菇鸭汤

烹饪时间：42分钟　　口味：鲜

原料准备 🌿

鸭肉··············500克
水发茶树菇···120克
无花果···········20克
枸杞、姜片、
葱花············各少许

调料

盐、鸡粉·······各2克
料酒············18毫升

制作方法 🍲

1 洗好的茶树菇切去老茎，切段；洗净的鸭肉斩件，再斩成小块。

2 锅中注入清水烧开，加入鸭块、料酒，拌匀，煮沸，氽去血水。

3 把氽煮好的鸭块捞出，沥干水分，待用。

4 砂锅中注入清水烧开，倒入鸭块、无花果、枸杞、姜片，拌匀。

5 放入茶树菇、料酒，拌匀，煮40分钟，至食材熟透。

6 放入鸡粉、盐，搅拌均匀。

7 将汤料盛出，装入碗中，撒上葱花即可。

🍲 **煲·功·秘·诀**

　　鸭肉含油脂比较多，因此可以在煮好后捞去表层的鸭油，以免太油腻。

煲·功·秘·诀

虫草花泡一会儿后再煮，能更好地发挥其药用价值。

原料准备 ✑

鹌鹑肉........230克
虫草花..........30克
蜜枣、无花果、
淮山........各20克
玉竹..........10克
姜片、
葱花..........各少许

调料

盐、鸡粉...各少许
料酒..........6毫升

玉竹虫草花鹌鹑汤

烹饪时间：32分钟　口味：鲜

制作方法 🍲

1　砂锅中注水烧开，倒入洗净的鹌鹑肉。

2　放入蜜枣，加入洗好的无花果、淮山、玉竹，撒上姜片。

3　再放入洗净的虫草花，搅拌匀，淋上料酒提味，煲煮约30分钟，至食材熟透。

4　加入盐、鸡粉，拌匀，续煮片刻，至汤汁入味，盛出煮好的鹌鹑汤，装入汤碗中，撒上葱花，趁热食用即可。

鹌鹑淮山杜仲汤

烹饪时间：41分钟　口味：鲜

原料准备

鹌鹑肉…………100克

红枣……………20克

姜片、杜仲…各10克

淮山片…………少许

调料

盐、鸡粉………各2克

料酒……………5毫升

制作方法

1 锅中注入清水烧开，放入鹌鹑肉、料酒，拌匀，煮约1分钟，氽去血渍，捞出煮好的鹌鹑肉，沥干水分。

2 砂锅中注入清水烧开，倒入氽过水的鹌鹑肉，撒上姜片。

3 再放入杜仲、红枣、淮山片、料酒，拌匀，煲煮约40分钟，至食材熟透。

4 加入盐、鸡粉，拌煮片刻，至汤汁入味即成。

煲·功·秘·诀

调味前要将汤面的浮沫掠去，以免影响汤汁的味道；加入料酒可去除肉的腥味。

虫草花鸽子汤

烹饪时间：62分钟　　口味：鲜

原料准备 ✎

鸽子肉………400克

水发虫草花…20克

姜片、

葱段…………各少许

调料

盐、鸡粉、

胡椒粉………各2克

料酒……………少许

制作方法 🍲

1 砂锅中注入适量清水烧热，倒入备好的鸽子肉、虫草花。

2 放入姜片、葱段，淋入适量料酒。

3 盖上盖，烧开后用小火煮约1小时至食材熟透。

4 揭开盖，加入盐、鸡粉、胡椒粉，拌匀，盛出煮好的鸽子汤即可。

煲·功·秘·诀

此汤尽量少放点水，汤汁会更有营养。

虫草党参鸽子汤

烹饪时间：122分钟　口味：清淡鲜

原料准备

虫草..............2根

红枣..............20克

当归..............10克

枸杞..............8克

沙参..............10克

薏米..............30克

鸽子肉..........180克

姜片..............少许

调料

盐、鸡粉...各2克

料酒..........16毫升

制作方法

1 锅中注入清水烧开，倒入鸽子肉，淋入料酒。

2 煮沸，将汆煮好的鸽子肉捞出，沥干水分。

3 砂锅中注入清水烧开，倒入鸽子肉、虫草、红枣、当归、枸杞、沙参、薏米、姜片、料酒，拌匀，炖1小时，至食材熟透。

4 放入盐、鸡粉，搅拌片刻，使食材入味即可。

煲·功·秘·诀

熬制鸽子汤时，要注意火候，不要太大，以免破坏了鸽子肉的口感和营养。

莲子五味子鲫鱼汤

烹饪时间：27分钟   口味：鲜

原料准备 🌾

净鲫鱼⋯⋯⋯⋯ 400克

水发莲子⋯⋯⋯⋯70克

五味子⋯⋯⋯⋯⋯4克

姜片、葱花⋯各少许

调料

盐⋯⋯⋯⋯⋯⋯⋯3克

鸡粉⋯⋯⋯⋯⋯⋯2克

料酒⋯⋯⋯⋯⋯4毫升

食用油⋯⋯⋯⋯⋯适量

制作方法 🍲

1 用油起锅，放入姜片，爆香，放入鲫鱼，煎片刻，至两面断生，盛出煎好的鲫鱼，装入盘中。

2 锅中注入清水烧开，倒入洗净的莲子、五味子。

3 盖上盖，煮沸后用小火煮约15分钟，至散出药味。

4 揭盖，倒入煎好的鲫鱼。

5 加入盐、鸡粉、料酒，拌匀，续煮约10分钟，至食材熟透。

6 搅拌几下，去除浮沫，盛出煮好的鲫鱼汤，装入汤碗中，撒上葱花即成。

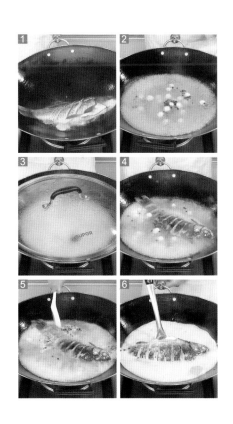

🍲 煲·功·秘·诀

煎鲫鱼时可以多放点食用油，这样煎出来的鲫鱼肉质会更鲜嫩，也更香。

PART

7

美味简单甜汤

　　甜汤，给人带来的不仅是无与伦比的味觉享受，喝下去更是对身体的一份体贴，让杂乱的思绪不再扰于心间，去除烦恼与忧愁。

马蹄银耳汤

烹饪时间：31分钟　　口味：甜

原料准备 🌿

马蹄·········100克
水发银耳···120克

调料

冰糖·········30克
食粉·········适量

制作方法 🍚

1　洗净去皮的马蹄切片；泡发的银耳切去黄色根部，切小块。

2　锅中注入清水烧开，加入银耳、食粉，拌匀，煮1分钟，捞出，沥干水分。

3　砂锅倒入清水烧开，放入银耳、马蹄，炖30分钟。

4　放入冰糖，搅匀至冰糖完全溶化即可。

> **煲·功·秘·诀** ︿
>
> 　　焯煮好的银耳可以先过一下凉开水再煮，这样就容易煮烂。

竹荪银耳甜汤

烹饪时间：11分30秒　口味·甜

原料准备

水发竹荪……50克

水发银耳……100克

枸杞……………10克

调料

冰糖……………40克

制作方法

1 洗好的银耳切去黄色根部，切小块；竹荪切小段。

2 砂锅中倒入清水烧开，放入竹荪、银耳。

3 再加入冰糖，拌匀，煮至溶化。

4 放入洗净的枸杞，拌匀，煮至熟透，盛出煮好的甜汤，装入碗中即可。

煲·功·秘·诀

煮竹荪时可能会有浮沫，可将浮沫捞出，会使甜汤更清甜。

银耳可事先加食粉焯煮一下，这样煮好的甜汤口感更爽滑。

原料准备 🌿

水发银耳… 160克
山药………… 180克

调料

白糖、
水淀粉…… 各适量

烹饪时间：36分钟　口味：甜

银耳山药甜汤

制作方法 🍚

1 将去皮洗净的山药切成小块；洗净的银耳去除根部，改切成小朵。

2 砂锅中注入清水烧热，倒入山药、银耳、拌匀。

3 盖上盖，烧开后用小火煮约35分钟，至食材熟软。

4 揭盖，加入白糖、水淀粉，拌匀，煮至汤汁浓稠，盛出煮好的山药甜汤即可。

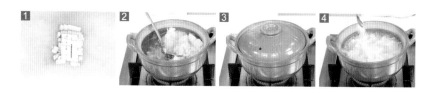

雪莲果银耳甜汤

烹饪时间：21分钟　口味：甜

原料准备

雪莲果·······150克

水发银耳···100克

红枣···········25克

枸杞···········10克

调料

冰糖···········30克

制作方法

1 洗好的银耳切去黄色的根部，再切成小块；洗净去皮的雪莲果切成丁。

2 砂锅中注入清水烧开，倒入雪莲果拌匀。

3 加入红枣、枸杞、银耳拌匀，煮20分钟至食材熟。

4 放入冰糖拌匀，煮一会儿至冰糖溶化，将煮好的甜汤盛出装入碗中即可。

煲·功·秘·诀

雪莲果本身含有较多的糖分，可以少放些冰糖，以免成品过甜。

百合枇杷炖银耳

烹饪时间：18分钟　　口味：甜

原料准备

水发银耳····70克

鲜百合········35克

枇杷··········30克

调料

冰糖··········10克

制作方法

1 洗净的银耳去蒂，切成小块。

2 洗好的枇杷切开，去核，再切成小块，
  备用。

3 锅中注入适量清水烧开，倒入备好的枇
  杷、银耳。

4 再倒入百合。

5 盖上盖，烧开后用小火煮约15分钟。

6 揭盖，加入适量冰糖，拌匀，煮至溶化。

7 关火后盛出炖煮好的汤料即可。

煲·功·秘·诀

银耳宜用温水泡发，泡发后应去掉未发开的部分。

煲·功·秘·诀

银耳切好后再放入清水中泡一会儿，能改善其口感。

双耳枸杞雪梨汤

烹饪时间：16分30秒　口味：甜

原料准备 🌿

雪梨............140克
水发银耳.....100克
水发木耳......70克
枸杞............10克

调料

冰糖............40克

制作方法 🍙

1 将洗净的木耳切小块；洗好的银耳切小块；洗净去皮的雪梨切丁。

2 砂锅中注入清水烧热，倒入银耳、木耳，拌匀。

3 放入雪梨丁、枸杞，煮约15分钟，至食材熟透。

4 倒入冰糖，拌匀，续煮片刻，至其溶化，盛出煮好的雪梨汤，装入汤碗中即成。

百合枸杞红豆甜汤

烹饪时间：36分钟　口味：甜

原料准备

水发红豆…160克

鲜百合………35克

枸杞…………少许

调料

冰糖…………20克

制作方法

1 砂锅中注入清水烧开，倒入红豆，煮约30分钟。

2 揭开盖，倒入洗净的百合、枸杞。

3 加入冰糖，拌匀，煮约5分钟至食材熟透。

4 揭开盖，拌匀，盛出煮好的甜汤即可。

 煲·功·秘·诀

红豆不易熟，泡发的时间可久一点。

百合玉竹苹果汤

烹饪时间：23分钟　　口味：甜

原料准备 🌿

干百合······ 10克

玉竹········ 12克

陈皮··········7克

红枣··········8克

苹果·······150克

姜丝··········少许

调料

白糖··········适量

制作方法 🍳

1 洗净的苹果切开，去核，切成片。

2 锅中注入适量清水，大火烧开。

3 倒入备好的干百合、玉竹、陈皮、红枣、
姜丝，搅拌匀。

4 盖上锅盖，烧开后转小火煮20分钟。

5 掀开锅盖，放入苹果，搅拌匀，煮1分钟。

6 放入白糖，拌匀，煮至入味。

7 将煮好的汤盛出，装入碗中即可。

🍲 **煲·功·秘·诀**

切好的苹果最好立刻烹制，以免氧化破坏了美观；百合
泡至完全散开，这样煮制更加容易入味。

核桃杏仁甜汤

烹饪时间：31分钟　　口味：甜

原料准备

甜杏仁……30克

核桃………30克

姜丝………少许

调料

水淀粉…………3毫升

蜂蜜、白糖…各适量

制作方法

1 备好的核桃拍碎，待用。

2 砂锅中注入清水烧开，放入甜杏仁、姜丝，拌匀。

3 盖上锅盖，煮开后转小火煮20分钟。

4 掀开锅盖，放入核桃，搅匀，续煮10分钟。

5 放入蜂蜜、白糖，煮至入味。

6 倒入水淀粉，搅匀。

7 将煮好的甜汤盛出装入碗中即可。

煲·功·秘·诀

核桃可以干炒片刻再烹制，味道会更香；往汤里加点姜丝，可以增加补益功效。

桂花红薯板栗甜汤

烹饪时间：45分钟　　口味：甜

原料准备 🌾

红薯┄┄┄100克

板栗肉┄120克

桂花┄┄┄┄少许

调料

冰糖┄┄┄┄适量

制作方法 🔥

1 洗好去皮的红薯对半切开，改切成小块，备用。

2 砂锅中注入适量清水烧开，放入备好的板栗肉、红薯块。

3 盖上盖，用小火煮约30分钟至食材熟透。

4 揭盖，撒上桂花，放入冰糖，拌匀。

5 再盖上盖，续煮5分钟，至食材入味。

6 关火后揭开盖，拌匀。

7 盛出煮好的甜汤，装入碗中即可。

🍲 **煲·功·秘·诀** ∧

若夏季食用此道甜汤，可放入冰箱一会儿，口感更佳。

红薯牛奶甜汤

烹饪时间：22分钟　　口味：甜

原料准备 ✎

红薯………200克

牛奶…200毫升

姜片………少许

调料

冰糖………30克

制作方法 🍲

1 洗好去皮的红薯切厚块，再切条，改切成小块，备用。

2 锅中注入适量清水烧开，放入姜片、冰糖、红薯，拌匀，煮约20分钟至熟。

3 加入牛奶，拌匀，煮至沸。

4 盛出煮好的甜汤，装入碗中即可。

 煲·功·秘·诀

牛奶也可在最后加入，这样更能保持牛奶的营养。

冰糖雪梨柿饼汤

烹饪时间：22分钟　口味：甜

原料准备 ✎

雪梨········200克

柿饼········100克

调料

冰糖·········30克

制作方法 🍮

1 将备好的柿饼切小块；洗净去皮的雪梨去核，切成丁。

2 砂锅中注入清水烧开，放入柿饼块。

3 加入雪梨丁，拌匀，煮至熟软。

4 加入冰糖，拌匀，煮至糖分完全溶化，盛出煮好的冰糖雪梨，装入汤碗中即成。

 煲·功·秘·诀

柿饼切开后最好去除核，这样食用时会更方便。

原料准备 🌿

苹果········100克
雪梨·········90克
山楂·········80克

调料

冰糖·········40克

雪梨苹果山楂汤

烹饪时间：3分钟30秒　口味：甜

制作方法 🍚

1 将洗净的雪梨去核，切块；洗好的苹果去核，
　切块；洗净的山楂去除头尾，去核，切小块。

2 砂锅中注入清水烧开，倒入切好的食材，拌匀。

3 用大火煮沸，再盖上盖，转小火煮约3分钟，至
　食材熟软。

4 揭盖，倒入冰糖，拌匀，煮至糖分溶化，盛出
　煮好的山楂汤，装入汤碗中即成。

雪蛤油木瓜甜汤

烹饪时间：32分钟　口味：甜

原料准备

木瓜……………160克

水发西米………110克

红枣………………45克

水发雪蛤油……90克

椰奶…………30毫升

制作方法

1 洗净的木瓜去皮，切成丁，待用。

2 砂锅中注入适量清水，倒入洗净的西米、红枣、雪蛤油，拌匀。

3 加盖，大火煮开后转小火煮30分钟至熟。

4 揭盖，加入木瓜丁、椰奶，稍煮片刻至沸腾，盛出煮好的汤，装入碗中即可。

煲·功·秘·诀

木瓜最好削去瓜瓤，这样味道会更好；西米事先发好，煮起来省时间，也更易煮熟。

花生莲藕绿豆汤

烹饪时间：47分钟　　口味：甜

原料准备 ✍

莲藕………150克
水发花生…60克
水发绿豆…70克

调料

冰糖………25克

制作方法 🍲

1 将洗净去皮的莲藕对半切开，再切成薄片，备用。

2 砂锅中注入适量清水烧开，放入洗好的绿豆、花生，用小火煲煮约30分钟。

3 倒入莲藕，用小火续煮15分钟至食材熟透。

4 放入冰糖，拌煮至溶化即可。

🍲 **煲·功·秘·诀**

把冰糖换成红糖，更适合女性食用。

煲·功·秘·诀

板栗肉表层的薄皮不好剥，可用开水泡一段时间，再冷水泡一会儿，就很容易剥除了。

原料准备

木瓜………150克

莲藕………100克

板栗………100克

葡萄干……20克

调料

冰糖………40克

制作方法

1 洗净去皮的莲藕切成丁；去皮洗好的板栗切成小块；洗净去皮的木瓜切成丁。

2 砂锅中注入清水烧开，倒入板栗、莲藕、葡萄干，煮20分钟，至食材熟软。

3 放入备好的木瓜，搅拌匀。

4 再倒入冰糖，拌匀，续煮10分钟，至全部食材熟透；将煮好的甜汤盛出，装入碗中即可。

烹饪时间：31分钟　口味：甜

木瓜莲藕栗子甜汤

猕猴桃鲜藕汤

烹饪时间：3分钟　　口味：甜

原料准备 ✎

猕猴桃⋯⋯40克
莲藕⋯⋯100克
姜片⋯⋯少许

调料

料酒⋯⋯⋯⋯⋯⋯4毫升
食用油、冰糖⋯各适量

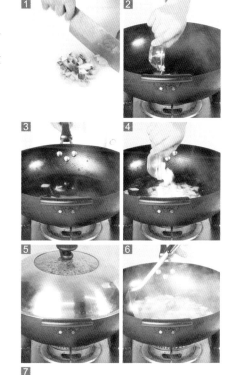

制作方法 🍲

1 猕猴桃去皮，切丁；洗净去皮的莲藕切丁。
2 热锅注油烧热，放入姜片，爆香。
3 淋入料酒，注入适量的清水烧开。
4 倒入猕猴桃、莲藕，加入冰糖。
5 盖上锅盖，煮2分钟至入味。
6 掀开锅盖，搅拌片刻。
7 将煮好的汤盛出装入碗中即可。

🍲 煲·功·秘·诀 ⌃

　　切好的藕可以在凉水中泡片刻，口感会更爽脆；猕猴桃尽量切均匀一点，这样更加容易入味。

红枣南瓜薏米甜汤

烹饪时间：57分钟　　口味：甜

原料准备

红枣……………4颗

水发薏米…180克

去皮南瓜…240克

枸杞…………40克

花生仁……110克

调料

红糖…………35克

制作方法

1 洗净的南瓜切粗片，切细条，改切丁，待用。

2 热水锅中倒入泡好的薏米。

3 放入花生仁。

4 倒入切好的南瓜。

5 放入洗净的红枣。

6 倒入枸杞，续煮40分钟至食材熟软，倒入红糖，拌匀至溶化，续煮15分钟至入味，搅拌。

7 盛出煮好的甜汤，装入碗中即可。

 煲·功·秘·诀

薏米可事先用高压锅压制，这样可以缩短煮制的时间；红枣可把核去掉，会没那么上火。

红枣芋头汤

烹饪时间：17分钟　　口味：甜

原料准备

去皮芋头…250克

红枣…………20克

调料

冰糖…………20克

制作方法

1　洗净的芋头切厚片，切粗条，切成丁。

2　砂锅注水烧开，倒入芋头。

3　放入红枣，续煮15分钟至食材熟软。

4　倒入冰糖，搅拌至溶化，盛出煮好的甜汤，装碗即可。

煲·功·秘·诀

红枣可事先去核，这样不仅能去燥热，食用起来也更方便。